高等院校化学课实验系列教材

国家级精品课程教材

分析化学实验

（第二版）

武汉大学化学与分子科学学院实验中心　编

WUHAN UNIVERSITY PRESS
武汉大学出版社

图书在版编目(CIP)数据

分析化学实验/武汉大学化学与分子科学学院实验中心编 . —2 版.
—武汉：武汉大学出版社,2013.1(2021.1 重印)
国家级精品课程教材
高等院校化学课实验系列教材
ISBN 978-7-307-10320-7

Ⅰ.分… Ⅱ.武… Ⅲ.分析化学—化学实验—高等学校—教材 Ⅳ.
O652.1

中国版本图书馆 CIP 数据核字(2012)第 280694 号

责任编辑:谢文涛   责任校对:王 建   版式设计:马 佳

出版发行:**武汉大学出版社** (430072 武昌 珞珈山)
        (电子邮箱：cbs22@whu.edu.cn 网址：www.wdp.whu.edu.cn)
印刷:湖北金海印务有限公司
开本:720×1000 1/16 印张:14 字数:249 千字 插页:1
版次:2003 年 5 月第 1 版 2013 年 1 月第 2 版
    2021 年 1 月第 2 版第 5 次印刷
ISBN 978-7-307-10320-7/O·483   定价:26.00 元

总　　序

　　化学是一门在长期的实验与实践中诞生、发展和逐步完善的学科。目前，化学在与多学科的交叉、融合和应用中得到快速发展。化学实验课程在高等学校理科化学类专业本科生教育中是本科生重要的、不可替代的基础课。我国传统的化学实验课程教学一贯强调与理论课程紧密结合，重视"三基"能力（基本知识、基本理论、基本技能）培养，在过去半个世纪里对我国培养的化学专业人才发挥了重要作用；但这种传统的实验教学内容和教学方式，对通过实验教育培养学生的创新意识、创新精神和创新能力略显不足。

　　武汉大学自1991年开设化学试验班以来，就开始试行对实验课程进行改革，包括减少验证性实验，增加设计实验和开放实验等内容，藉以提高学生提出问题、分析问题和解决问题的能力。1998年，武汉大学化学学院召开了全院的教学思想大讨论。在会上，一方面强调了应进一步加强培养学生的"三基"能力，同时也充分肯定了"设计实验"和"开放实验"的意义与重要性，提出应该重点研究如何通过实验教学培养学生的创新意识、创新精神和创新能力，还积极鼓励开设"综合研究性实验"课程，以作为"实验教学"与"科学研究"之间的桥梁。这一建议得到了学院教师的广泛认同与支持。同年，武汉大学在整合各二级化学学科实验教学资源基础上成立了化学实验教学中心，在学院各研究单位的大力支持下，加快了对化学实验课程体系和教学方法、手段的改革。通过多年的努力，包含各门实验课程的《大学化学实验》于2003年被评为"国家理科基地创建优秀名牌课程创建项目"，同年还被评为湖北省精品课程，2007年被评为国家级精品课程。2006年武汉大学化学实验教学中心被评为国家级实验教学示范中心。

　　武汉大学化学实验教学中心在总结武汉大学历年编写的化学实验教材基础上，汇编成为"大学化学实验"系列教材，于2003—2005年先后在武汉大学出版社出版。该实验系列教材出版后已被多所大学使用，并多次重印。

　　近些年来，武汉大学化学实验教学中心按照"固本—创新"的思想指引，在构建三个结合创新教学平台("实验教学—理论教学—科学研究"平台、"计划教学—开放实验—业余科研"平台和"实验中心—科研院所—企业公司"平台)的基础上,充分利用学校和社会资源,紧密联系理论,深入进行实验教学改革。利用教学、科研与社会的互动,调动了中心以外教师的力量,密切关注交叉学科和社会热点,将学院科研成果和社会企业的课题经过改革后纳入实验教学,开出了一批内容先进、形式新颖、具有探索性的新型实验,优化了基础实验内容,丰富了设计实验和综合研究型实验的内涵。此外,在教学方法、教学手段等方面也进行了有益的尝试,并取得较优异的教改成绩。

在总结这段时期实验教学改革成绩和上一版实验教材使用经验的基础上,武汉大学化学实验教学中心组织相关教师修订编写了这套"大学化学实验"精品课程教材,包括《无机化学实验》、《分析化学实验》、《仪器分析实验》、《有机化学实验》、《物理化学实验》、《化工基础实验》和《综合化学实验》七分册。

这套教材较鲜明地体现了武汉大学化学实验教学中心的创新教育理念:"以教师为主导,以学生为中心,以激发学生学习积极性为出发点,以培养学生创新能力为目的,狠抓基本技能训练,按照科学研究、思维和方法的规律为主线索组织实验教学,鼓励学生自我选择学术发展方向、自我设计和建立知识结构、自我提升科研技能。"前六分册以基础为主,重点强调学生"三基"技能的培训,培养学生利用已学习的知识解决部分问题的能力,按照"基础实验—设计实验—综合实验"三个层次安排实验内容,突出了"重基础、严规范、勤思考、培兴趣"的教学思想。《综合化学实验》的实验内容主要选自学院内外的实际科研成果,以前沿的课题为载体,对学生进行"化学研究全过程"的训练,重点强调创新意识、创新精神和创新能力的培训。

这套教材是武汉大学化学实验教学中心教学改革和国家级精品课程建设的联合成果,希望这套系列教材能较好地适应化学类各有关专业学生及若干其他类型和层次读者的要求,为大学化学实验课程的质量提高做出一定贡献。

中国科学院院士 查全性

2011 年 11 月 15 日

武昌珞珈山

第二版前言

  分析化学实验是分析化学课程的重要组成部分，是一门实践性很强的学科。通过本课程的学习使学生更进一步理解分析化学理论知识，培养学生严谨、实事求是的科学态度，确立严格的量的概念，提高观察、分析和解决问题的能力。

  本教材注重将学科的传统内容与现状、发展相结合。实验内容包括：①练习基本操作的实验，让学生掌握分析化学实验的基础知识；②与分析化学理论教学有关的实验；③培养学生能力的设计性、研究性实验；④将微型实验引入分析化学实验教学。

  本书由武汉大学实验中心编写。参加编写的有谢音、赵发琼、曾百肇、王聪玲、张海波、吴卫兵、龚楚清，全书由谢音通稿。

  限于编者的水平，不足和失误在所难免，恳请广大教师和读者批评指正。

编 者

2012 年 10 月

第一版前言

　　《分析化学实验》是分析化学课程的重要组成部分，通过本课程的学习，可以加深对分析化学基础理论、基本知识的理解，正确和较熟练地掌握分析化学实验技能和基本操作，提高观察、分析和解决问题的能力，培养实事求是的科学态度和良好的实验习惯，强化量化概念，为学习后继课程及科研工作打下良好的基础。

　　本教材的实验内容包括：分析化学实验基础知识；分析化学实验常用的仪器和基本操作；分析化学实验内容；附录。全书精选了 40 多个实验，包括基本操作练习、基础实验及综合设计实验。测试对象包括化学试剂、矿物、药物、食品等。

　　本书的特色之一是将微型实验引入了分析化学实验教学。本书是湖北省普通高校省级教学研究项目(NO：2000/2)的研究成果之一。

　　参加编书的有蔡凌霜(第三章、第八章)，潘祖亭(第一章、第七章及附录)，曾百肇(第五章、第九章)，张玉清(第四章、第六章)和曹建军(第二章)等。全书由蔡凌霜修改统稿。

　　本书在编写过程中，武汉大学化学与分子科学学院的许多老师给予了支持和帮助，得到了尹权教授、王洪英教授、杨代菱教授、徐勉懿教授等的指导，在此，谨向他们表示衷心的感谢。

　　限于编者的水平，缺点和失误在所难免，恳请广大教师和读者批评指正。

编　　者

2002 年 4 月于珞珈山

目　　录

第一章 分析化学实验的基础知识

1.1 分析化学实验的目的和基本要求

分析化学实验是大学化学专业的重要基础课程之一。学生通过学习该课程，可以加深对分析化学基础知识和基本理论的理解，正确和较熟练地掌握分析化学实验的技能与基本操作。除此以外，还可提高观察、分析和解决问题的能力，培养严谨细致的工作作风和实事求是的科学态度，树立严格的"量"的概念。这些对后续课程的学习和将来的科学研究与实际工作都非常重要。

学生是学习的主体，要学好该课程并达到预期的目的，在学习过程中应做到以下几点：

（1）实验前认真预习。了解实验步骤和注意事项，结合理论学习，领会实验原理，做到心中有数。预习时可写好预习报告，即写出实验报告的部分内容，列出表格，查找有关参数，以便实验时及时、准确地记录实验现象和进行数据处理。

（2）实验时要严格按照规范操作，仔细观察实验现象并及时记录。认真思考实验中出现的问题，学会运用所学理论知识解释实验现象。此外，应保持实验台和整个实验室的整洁。应特别强调实事求是、严谨科学的态度与动手能力的培养，切忌弄虚作假、编造数据。

（3）实验后及时撰写实验报告。实验报告一般包括题目、日期、实验目的、简单原理、原始记录、结果（附计算公式）和讨论等内容。上述各项内容的繁简，应根据各实验的具体情况而定，以清楚、简练、整齐为原则。实验报告一般可在预习报告的基础上写成，即通过补充完善实验记录、数据处理和讨论，预习报告即成实验报告。

教师是学习的主导者，在实验教学过程中应努力做到下述几点：

（1）上好第一堂实验课。在第一次实验课上，讲清实验的整体安排、要求、注意事项和评分标准等，强调分析化学实验的重要性，激发学生学习兴趣。

(2)实验前认真备课，凝练课堂讲授内容，以留出更多时间让学生动手操作。这主要包括确定需传授的基本知识、演示的实验操作以及上次实验存在的问题和本次实验成功的关键等。

(3)指导实验时，应坚守工作岗位，及时发现和指出学生的操作错误与不良习惯；集中精力指导实验，不做其他杂事。

(4)仔细批改实验报告，及时归纳学生实验和实验报告中存在的问题，以便下次实验前总结。

学生实验成绩评定则宜包括以下几个方面的内容：①预习情况及实验态度；②实验操作技能与实验记录；③实验报告的规范性，实验结果的精密度、准确度和有效数字的表达，实验中存在的问题的分析。

1.2 定量分析化学实验概论

1. 定量分析过程

定量分析通常包括取样，试样分解和分析试液制备，选择合适的分析方法进行测定，分析结果的计算等几个步骤。

(1)取样。根据分析试样的存在状态(固体、液体或气体)，采用合适的取样方法取样。取样的关键是保证所取试样具有代表性，否则后续分析将毫无意义，甚至导致错误的结论。有关取样的较详细讨论见本章1.3小节。

(2)试样分解和分析试液的制备。定量化学分析一般要求待测组分处于溶液状态，因此需根据试样的性质、分析目的和共存物质的情况选择合适的分解方法分解试样，使待测组分定量转入溶液中。分解过程中应注意防止待测组分损失，避免引入干扰杂质。无机试样的分解方法有溶解法和熔融法；有机试样的分解，则多采用干式灰化法和湿式消化法。

(3)选择分析方法进行测定。根据分析任务、分析对象或测定原理等的不同，分析方法可分为定性分析、定量分析和结构分析；无机分析和有机分析；化学分析和仪器分析；例行分析和仲裁分析等。在选择分析方法时，应考虑分析任务、分析对象、对分析结果准确度的要求和实验室的现有条件等多个方面的因素。在保证分析结果达到要求的前提下，尽量选择简便、快速、低成本的分析方法。

滴定分析法是常见的化学分析方法之一，它是指将一种已知准确浓度的试剂溶液(标准溶液，通常又称滴定剂)滴加到待测物质的溶液中，直到所加的滴定剂与待测物质按化学计量关系定量反应完全为止。然后根据滴定剂浓度、用量以及相关的化学计量关系，计算待测物质的含量。由于这种测定方法是以测量溶液体积为基础，故又有容量分析法之称。

滴定分析法具有简便、快速、准确等优点，适于常量组分的分析，目前在环境、食品、地质、医药等领域仍有广泛应用。根据滴定反应类型的不同，滴定分析法又分为酸碱滴定法、络合滴定法、氧化还原滴定法和沉淀滴定法。

滴定分析法对滴定反应有一定的要求，具体为：

①反应必须具有确定的化学计量关系，即反应按一定的反应方程式进行，这是定量计算的依据。

②反应完全，能定量进行(反应完全程度≥99.9%)。

③反应速度足够快。对于速度较慢的反应，可以通过加热、增加反应物浓度、加入催化剂等措施来提高反应速度。

④有简便适当的方法确定反应已进行完全，即滴定终点已到达。

若化学反应不具备这些条件，有时可通过适当的前置反应使待测物与另一符合要求的化学反应定量相关，从而达到测定待测物的目的。根据前置反应所起作用的差别，常将相应的滴定方法分别称为间接滴定法、返滴定法和置换滴定法，以别于直接滴定法。

(4)分析结果的计算。根据化学反应的计量关系计算待测组分的浓度或含量。除此以外，有时还需计算偏差等参数。

2. 溶液浓度的表示方法及计算

a. 物质的量浓度 c_B

分析化学中常将其简称为浓度，它等于溶质 B 的物质的量 n_B 除以溶液的体积 V，单位为 mol·L^{-1} 或其倍数单位，如 mmol·L^{-1} 或 mol·mL^{-1} 等。

$$c_B = \frac{n_B}{V}$$

b. 质量浓度 ρ_B

指单位体积溶液中所含溶质 B 的质量 m_B，常用单位为 g·L^{-1}。

$$\rho_B = \frac{m_B}{V}$$

吸光光度法的标准溶液系列以及滴定分析的一般试剂常用此表示浓度，如

指示剂浓度为 $20g \cdot L^{-1}$（即以往的 0.2%），$50g \cdot L^{-1}$ $KMnO_4$（即以往的 5% $KMnO_4$）等，有些教材或论文仍继续使用 0.2% 和 0.5% 等表示方法。

c. 质量摩尔浓度 b_B

指单位质量溶剂 A 中所含某物质 B 的物质的量，常用单位为 $mol \cdot kg^{-1}$。

$$b_B = \frac{n_B}{m_A}$$

b_B 多在标准缓冲溶液的配制中使用。

根据 SI 单位制，各学科都有自己特殊、常用的单位。分析化学中常用的量及其单位的名称与符号如表 1-1 所示。对分析化学中习惯使用的 $(1+2)$ HCl 溶液（即浓 HCl 与水的体积比为 $1:2$ 的溶液）的表示方式，本教材将继续沿用，但它不宜作为一种浓度单位使用。

表 1-1　　　　　分析化学中常用的量及其单位的名称与符号

量的名称	量的符号	单位名称	单位符号	代用单位
相对原子质量	A_r	（量纲为 1）		
相对分子质量	M_r	（量纲为 1）		
物质的量	n	摩(尔)	mol	mmol(毫摩)等
摩尔质量	M	千克每摩	$kg \cdot mol^{-1}$	$g \cdot mol^{-1}$等
摩尔体积	V_m	立方米每摩	$m^3 \cdot mol^{-1}$	$L \cdot mol^{-1}$等
物质的量浓度	c	摩每立方米	$mol \cdot m^{-3}$	$mol \cdot L^{-1}$等
质量浓度	ρ	千克每立方米	$kg \cdot m^{-3}$	$g \cdot mL^{-1}$等
质量摩尔浓度	b	摩每千克	$mol \cdot kg^{-1}$	
质量分数	ω	（量纲为 1）		
质量	m	千克	kg	g，mg 等
摄氏温度	t	摄氏度	℃	
密度	ρ	克每立方米	$kg \cdot m^{-3}$	$g \cdot cm^{-3}$等
压力、压强	p	帕(斯卡)	Pa	$1atm = 101325Pa$ $1mmHg = 133.322Pa$
体积	V	立方米	m^3	L，mL
试样质量	m_s	千克	kg	g 等

d. 基本单元及相关浓度的计算

根据 SI 计量单位的规定，在使用摩尔定义时有一条基本原则，即必须指明物质的基本单元。基本单元可以是原子、分子、离子或它们的特定组合。例如，1mol C，$1\text{mol}\left(\dfrac{1}{2}\text{CaO}\right)$，$1\text{mol H}_2\text{SO}_4$，$1\text{mol}\left(\dfrac{1}{2}\text{H}_2\text{SO}_4\right)$，$c_{\frac{1}{6}\text{K}_2\text{Cr}_2\text{O}_7}$，$M_{\text{Na}_2\text{CO}_3}$，$M_{\text{K}_2\text{Cr}_2\text{O}_7}$ 等，这里 $1\text{mol}\left(\dfrac{1}{2}\text{CaO}\right)$ 中，"$\dfrac{1}{2}$" 称为基本单元系数，而 "$\dfrac{1}{2}\text{CaO}$" 称为 CaO 的基本单元。其余依此类推。

同一物质在用不同基本单元表述时，其摩尔质量 M、物质的量 n、物质的量浓度 c 将各不相同。

（1）摩尔质量 M。

物质 B 用不同基本单元表述时，摩尔质量 M 与基本单元系数 b 间的关系如下：

$$M_{b\text{B}} = bM_{\text{B}}$$

例如，Ca 的摩尔质量 $M_{\text{Ca}} = 40.08\text{g}\cdot\text{mol}^{-1}$，若以 "$\dfrac{1}{2}\text{Ca}$" 为基本单元，则

$$M_{\frac{1}{2}\text{Ca}} = \frac{1}{2}\times 40.08\text{g}\cdot\text{mol}^{-1} = 20.04\text{g}\cdot\text{mol}^{-1}。$$

（2）物质的量 n。

物质 B 的物质的量 n 与其基本单元系数 b 的关系为

$$n_{b\text{B}} = \frac{1}{b}n_{\text{B}}$$

例如，$n_{\text{H}_2\text{SO}_4} = 1.5\text{mol}$，若以 "$\dfrac{1}{2}\text{H}_2\text{SO}_4$" 为基本单元，则

$$n_{\frac{1}{2}\text{H}_2\text{SO}_4} = 2n_{\text{H}_2\text{SO}_4} = 2\times 1.5\text{mol} = 3.0\text{mol}。$$

（3）物质的量浓度 c。

物质 B 的物质的量浓度 c 与基本单元系数 b 的关系可表示为

$$c_{b\text{B}} = \frac{1}{b}c_{\text{B}}$$

例如，已知 $c_{\text{H}_2\text{C}_2\text{O}_4} = 0.1000\text{mol}\cdot\text{L}^{-1}$，若以 "$\dfrac{1}{2}\text{H}_2\text{C}_2\text{O}_4$" 为基本单元，则

$$c_{\frac{1}{2}\text{H}_2\text{C}_2\text{O}_4} = 2\times 0.1000 = 0.2000\text{mol}\cdot\text{L}^{-1}。$$

3. 溶液的配制方法

a. 一般溶液的配制方法

用固体物质配制溶液时，可先根据 $m = cVM$ 式计算需称取的质量(注意 M 与 c 的基本单元须一致)。

例如，若想配制 500.0mL $c_{\frac{1}{5}KMnO_4} = 0.100mol \cdot L^{-1}$ 的 $KMnO_4$ 溶液，需称取 $KMnO_4$ 固体的质量为：$m = c \times V \times M_{\frac{1}{5}KMnO_4} = 0.100mol \cdot L^{-1} \times 0.5000L \times \frac{1}{5} \times 158.03g \cdot mol^{-1} \approx 1.58g$。

同样，若用 As_2O_3 配制 250.0mL $n_{\frac{1}{2}H_3AsO_3} = 0.1000mol \cdot L^{-1}$ 溶液，需称取 As_2O_3 固体的质量为：$m = c \times V \times M_{As_2O_3} = c \times V \times \frac{1}{4}M_{As_2O_3} = 0.1000mol \cdot L^{-1} \times 0.2500L \times \frac{1}{4} \times 197.84g \cdot mol^{-1} = 1.236g$。

然后，用台秤或分析天平称取所需质量的固体试剂置于烧杯中，加适量水溶解，再稀释到合适的体积。试剂溶解时放热或加热促溶时，须等溶液冷却后再转入试剂瓶或定量转移至容量瓶中。溶液配好后，应马上贴上标签，注明溶液的名称、浓度和配制日期。

易水解盐溶液的配制需要特别小心，配制时需加适量酸后再用水或稀酸稀释。而对于那些易被氧化或还原的试剂，常在使用前临时配制，或采取加还原(氧化)剂的办法防止其被氧化(还原)。对于易侵蚀或腐蚀玻璃的溶液，不能盛放在玻璃瓶内，应用其他容器盛放，如氟化物应保存在聚乙烯瓶中，苛性碱最好也盛装在聚乙烯瓶中，若用玻璃瓶盛装则需将玻璃塞换成橡皮塞。

配制指示剂溶液时，需称取的指示剂量往往很少，这时可用分析天平称量，但只要读取两位有效数字即可。要根据指示剂的性质，采用合适的溶剂，必要时还要加入适当的稳定剂。配好的指示剂一般贮存于棕色瓶中，使用过程中应注意其保存期。

配制溶液时，还要合理选择试剂的级别，不要超规格使用试剂，以免造成浪费；也不要降低规格使用试剂，以免影响分析结果的准确性。经常并大量使用的溶液，可先配制成浓度较大的储备液，使用时再进一步稀释即可。

b. 标准溶液的配制

标准溶液可采用直接法或间接法(标定法)配制。

直接法适于基准试剂溶液的配制，配制过程如下：用分析天平准确称取一定量的基准试剂，溶于适量的水或溶液中，再定量转移到容量瓶中，用水稀释至刻度。根据称取试剂的质量和容量瓶的体积，可计算出所配标准溶液的准确浓度。基准试剂应具备下列条件：

（1）试剂的组成与其化学式完全相符；

（2）试剂的纯度应足够高（一般99.9％以上），而杂质的含量应少到不影响分析结果的准确度；

（3）试剂在通常条件下应该稳定；

（4）试剂参加反应时按反应式定量进行，没有副反应。

基准物质除可用于直接配制标准溶液外，还可用于溶液浓度的标定。

间接法适于非基准试剂标准溶液的配制。实际上，满足基准试剂要求的试剂较少，很多试剂的标准溶液无法采用直接法配制。在这种情况下，可先配成接近所需浓度的溶液，然后用基准试剂或另一种已知准确浓度的标准溶液来标定它的准确浓度。因此，间接法又称为标定法。

在实际工作中，标准溶液的浓度也常用"标准试样"来标定。"标准试样"的含量是已知的，它的组成与待测物质的也相近。这样，标定标准溶液与测定待测物质的条件相同，分析过程中的系统误差因此可以抵消，所得结果的准确度更高。

贮存的标准溶液，由于水分蒸发，水珠凝于瓶壁，使用前应将溶液摇匀。如果溶液浓度有了改变，必须重新标定。对于不稳定的溶液应定期标定。

需要指出的是，使用不同温度下配制的标准溶液，由玻璃膨胀系数带来的误差一般很小（玻璃的膨胀系数小），即使温度相差30℃，造成的误差也非常小。但是，水的膨胀系数远比玻璃的大（约为玻璃的10倍），当使用温度与标定温度相差10℃以上时，温差带来的影响就得引起注意。

4. 滴定分析中常用的计算式

对任意化学反应：

$$aA+bB=cC+dD$$

当该反应达到化学计量点时，A物质和B物质的物质的量之间的关系为

$$n_A = \frac{a}{b} n_B \text{ 或 } n_B = \frac{b}{a} n_A$$

式中，$\frac{a}{b}$ 或 $\frac{b}{a}$ 称为A物质与B物质间的化学计量数比（或换算因子）。

a. 两种溶液间的计量关系

例如用NaOH标准溶液（A）滴定H_2SO_4溶液（B）时，化学反应式为

$$2NaOH+H_2SO_4=\!=\!=Na_2SO_4+2H_2O$$

其计量关系为

$$c_A V_A = \frac{a}{b} c_B V_B = 2c_B V_B$$

b. 固体物质与溶液间的计量关系

若用基准物质(A)标定某溶液(B)浓度,两者间的计量关系应为

$$\frac{m_A}{M_A} = \frac{a}{b} c_B V_B$$

该式亦可用于计算所需待测物质或基准物质的质量,即

$$m_A = \frac{a}{b} c V M_A$$

例如,用草酸标定约 $0.1 mol \cdot L^{-1} NaOH$ 溶液,欲使滴定消耗 NaOH 25mL 左右,则所需草酸的质量为

$$m = \frac{1}{2} \times 0.1 mol \cdot L^{-1} \times 25 \times 10^{-3} L \times 126.07 g \cdot mol^{-1} \approx 0.16 g$$

c. 质量分数计算式

当用 B 物质的标准溶液滴定 A 物质时,A 的质量分数与其他量间的关系式为

$$\omega_A = \frac{\frac{a}{b} c_B V_B M_A}{m_s}$$

物质的含量一般用质量分数 $0.\times\times\times\times$ 表示。分析化学中常在质量分数上乘以 100%,用百分数表示。

d. 滴定度

用物质 A 的标准溶液滴定物质 B 时,A 物质对 B 物质的滴定度 $T_{A/B}$ 为

$$T_{A/B} = \frac{\frac{a}{b} c_A M_B}{1000}$$

在上述各计算式中,c 为物质的量浓度,$mol \cdot L^{-1}$;V 为溶液的体积,L;M 为物质的摩尔质量,$g \cdot mol^{-1}$;ω 为物质的质量分数;T 为滴定度,$g \cdot mL^{-1}$;m_s 为试样的质量,g。

5. 滴定分析中的指示剂和终点误差

通常将已知准确浓度的标准溶液或已知物质的量的溶液称为滴定剂。当滴定剂与待测物质的量刚好相等,或定量反应完全时,即为滴定达到了化学计量点(stoichiometric point,简称计量点,以 sp 表示)。一般根据指示剂的颜色变化来判断定量反应是否进行完全。在滴定过程中指示剂变色所对应的那一点称

为滴定终点(end point，简称终点，以 ep 表示)。滴定终点与化学计量点不一定恰好相同，由此造成的分析误差称为终点误差，以 E_t 表示。有关滴定分析中的指示剂和终点误差可参阅有关的分析化学理论教材和本书的附录部分。

1.3　分析试样的采集、制备与分解

1. 分析试样的采集和制备

分析结果是否可靠，是否具有参考价值，关键要看所取试样的代表性和分析测定的准确性。要想从大量的待测物质中采取能代表整批物质的小样，必须掌握适当的采样技术，遵守一定的规则，采用合理的制样方法。

a. 土壤样品的采集与制备

(1)污染土壤样品的采集。

①采样点的布设。由于土壤本身分布不均匀，应在多点采样后将其混合均匀成具有代表性的土壤样品。在同一个采样分析单位里，如果面积不太大(如在 $1000 \sim 1500 m^2$ 以内)，可在不同方位上选择 $5 \sim 10$ 个具有代表性的采样点。点的分布应依据土壤的全面情况而定，不可太集中，也不能选在采样区的边缘或某些特殊的位置(如堆肥旁)。

②采样的深度。如果只是一般了解土壤污染情况，采样深度只需取 15cm 左右的耕层土壤和耕层以下 $15 \sim 20cm$ 的土样。如果要了解土壤污染深度，则应按土壤剖面层分层取样。

③采样量。由于测定所需的土样是多点混合而成的，取样量往往较大，而实际供分析的土样不需要太多，具体需要量视分析项目而定，一般约为 1kg。因此，对多点采集的土壤，可反复按四分法缩分，最后留下所需的土样量。

(2)土壤本底值测定的样品采集

样点选择应包括主要类型土壤，并远离污染源，同一类型土壤应有 $3 \sim 5$ 个以上的采样点。与污染土壤采样不同之处是同一样点不强调采集多点混合样，而是选取植物发育典型、具代表性的土壤样品，采样深度为 1m 以内的表土的心土。

(3)土壤样品的制备

①土样的风干。除了测定挥发性的酚、氰化物等不稳定组分需要用新鲜土样外，多数项目的样品需经风干，风干后的样品容易混合均匀。风干的方法是将采得的土样全部倒在塑料薄膜上，压碎土块，除去植物根、茎、叶等杂物，

铺成薄层在室温下经常翻动,充分风干。在风干过程中要防止阳光直射和灰尘落入。

②磨碎与过筛。风干后的土样,用有机玻璃棒碾碎后,通过 2mm 孔径尼龙筛,以除去沙砾和生物残体,筛下样品反复按四分法缩分,留下足够供分析用的土样,再用玛瑙研钵磨细,通过 100 目尼龙筛,混匀装瓶。制备样品时,须避免样品受污染。

b. 植物样品的采集和制备

(1)采样的一般原则。

①代表性。选择一定数量的能代表大多数情况的植株作为样品,采集时,不要选择田埂、地边及离田埂、地边 2m 范围以内的样品。

②典型性。采样部位要能反映所要了解的情况,不能将植株各部位任意混合。

③适时性。根据研究需要,在植物不同生长发育阶段,定期采样。

(2)采样量。

样品经处理后所剩量应能满足分析之用,一般要求干样品有 1kg 左右。如用新鲜样品,以含水 80%~90% 计,则需 5kg 左右。

(3)采样方法。

以梅花形布点或在小区平行前进以交叉间隔方式布点,采 5~10 个试样混合成一个代表样品,按要求采集植株的根、茎、叶、果等不同部位,采集根部时,尽量保持根部的完整。

所采样品用清水洗四次,不准浸泡,洗后用纱布擦干,水生植物应全株采集。

(4)样品制备方法。

①新鲜样品的制备。测定植物中易变化的酚、氰、亚硝酸等污染物,以及瓜果蔬菜样品,宜用鲜样分析。其制备方法为:样品经洗净、擦干、切碎、混匀后,称取 100g 放入电动捣碎机的捣碎杯中,加同量蒸馏水,捣碎 1~2min,使之成浆状。含纤维较多的样品,可用不锈钢刀或剪刀切成小碎块混匀供分析用。

②风干样品制备。用于干样分析的样品,应尽快洗净风干或放在 40~60℃ 鼓风干燥箱中烘干,以免发霉腐烂。样品干燥后,去除灰尘杂物,将其剪碎,用磨碎机粉碎并过筛(通过 1mm 或 0.25mm 的筛孔),处理后的样品储存在磨口玻璃广口瓶中备用。

c. 动物样品的收集和制备

（1）血液。用注射器抽一定量血液，有时加入抗凝剂（如二溴酸盐），摇匀后即可。

（2）毛发。采样后，用中性洗涤剂处理，用去离子水冲洗，再用乙醚或丙酮、酒精等洗涤，在室温下充分干燥后装瓶待用。

（3）肉类。将待测部分放在搅拌器中搅拌均匀，然后取一定的匀浆供分析用。若测定有机污染物，样品要磨碎，并用有机溶剂浸取；若分析无机物，则需进行灰化，并溶解无机残渣，供分析用。

d. 其他固体试样的采集与制备

对地质样品以及矿样可在多点、多层次取样，即根据试样分布面积的大小，按一定距离和不同的地层深度采取。试样经磨碎后，按四分法缩分，直到所需的量。

对制成的产品或商品，可按不同批号分别进行采样。对同一批号的产品，采样次数可根据下式确定：

$$S = \sqrt{N/2}$$

式中，N 代表待测物的数目（件、袋、包、箱等），取样后，充分混匀即可。

对金属片或丝状试样，剪一部分即可进行分析。但对钢锭和铸铁，由于表面与内部的凝固时间不同，铁和杂质的凝固温度也不一样，所以表面和内部组成不均匀，因此，采样时应用钢钻取不同部位、深度的碎屑混合。

e. 液体试样的采集与制备

液体比较均匀，在不同深度分别取样即可。但对于黏稠的或含有固体的悬浮液以及非均匀液体，应充分搅匀后取样，以保证所取样品具有代表性。

采集水管中或有泵水井中的水样时，取样前需将水龙头或泵打开，先放 $10 \sim 15\text{min}$ 的水后再取。采取池、江、河中的水样，应视其宽度和深度采用不同的方法采集。对于宽度大、水深的水域，可用断面布点法，采表层水、中层水和底层水供分析用。采样方法是将干净的空瓶盖上塞子，塞子上系一根绳子，瓶底系一块重物（如石头等），沉入离水面一定深处，然后拉绳拔塞让水灌满瓶后取出。

f. 气体样品的采集

（1）采样方法。

采集大气样品的方法可分为直接采样法和富集（浓缩）采样法两大类。

直接采样法是用容器（如注射器、塑料袋、采气管、真空瓶等）直接采集少量样品的方法，它适用于大气中待测组分浓度较高或检测方法灵敏度高的情况，测得结果为瞬时浓度或短时间内的平均浓度。

注射器法：常用 100mL 注射器采集有机蒸汽样品。采样时，用现场气体抽洗注射器 2~3 次，然后抽取所需体积的气体样品，密封进气口，将注射器进气口朝下垂直放置，带回实验室尽快分析。气相色谱分析法常采用此法取样。

塑料袋法：选择不吸附、不渗漏，也不与样气中污染组分发生化学反应的塑料袋(如聚四氟乙烯袋、聚乙烯袋、聚氯乙烯袋和聚酯袋等)或者用金属薄膜作衬里(如衬银、衬铝)的塑料袋。采样时，先用待测气体冲洗 2~3 次，再充满样气，夹封进气口，采样完成。

采气管法(置换法)：采气管容积一般为 100~1000mL。采样时，打开两端活塞，用抽气泵接在管的一端，迅速抽进比采气管容积大 6~10 倍的待测气体，使采气管中原有气体被完全置换出来，关上活塞，采气管体积即为采气体积。也可将不与待测物质起反应的液体如水、食盐水等注满采样容器，采样时放掉液体，待测气即充满采样器。

真空瓶法：真空瓶是一种具有活塞的耐压玻璃瓶，容积一般为 500~1000mL。采样前，先用抽真空装置把真空瓶内气体抽走，当瓶内真空度达到 1.33kPa 之后打开活塞，让待测气体充满玻璃瓶，随后关闭活塞，采样体积即为真空瓶体积。

富集(浓缩)采样法是使大量的样气通过吸收液或固体吸收剂得到吸收或阻留，使原来浓度较小的污染物质得到浓缩，以利分析测定。该法适用于气体样品中污染物质浓度较低(ppm~ppb)的情况，包含溶液吸收法、固体阻留法、液体冷凝法、自然积集法等。

溶液吸收法是采集大气中气态、蒸汽态及某些气溶胶态污染物质的常用方法。采样时，用抽气装置将欲测空气以一定流量抽入装有吸收液的吸收管(瓶)，使待测物质的分子阻留在吸收液中，以达到浓缩的目的。采样结束后，倒出吸收液进行测定。常用的吸收液有水、水溶液、有机溶剂。吸收液的选择应根据待测物质的性质及所用分析方法而定。要求吸收液与待测物质发生作用快、吸收率高，同时要便于后续分析操作。

固体阻留法(填充柱阻留法)：在长 6~10cm，内径 3~5mm 的玻璃管或塑料管内装填颗粒状填充剂，制成填充柱。采样时，让气样以一定流速通过填充柱，则待测组分因吸附、溶解或化学反应而被阻留在填充剂上，达到浓缩采样的目的。采样后，通过加热解吸，吹气或溶剂洗脱，使待测组分从填充剂上释放出来并进行测定。和溶液吸收法相比，固体阻留法具有以下优点：可长时间采样，从而测得大气日均或较长时间段内的平均浓度值(由于液体在采样过程中会蒸发，溶液吸收法采样时间不宜过长）；对气态、蒸气态和气溶胶态物质都有较高的富集效率（溶液吸收法一般对气溶胶吸收效率要差些）；浓缩在固体填充柱上的待测物质比在吸收液中稳定时间要长，有时可放置几天或几周也不发生变化。所以，固体阻留法是大气污染监测中具有广阔发展前景的富集方法。

（2）采样量。

采样前必须计算出最小采气量，以保证能测出最高允许浓度水平的待测物质。最小采气量可根据下式计算：

$$V = \frac{ac}{bd}$$

式中：V——最小采气体积，L；

　　　a——样品的总体积，mL；

　　　b——分析时所取样品的体积，L；

　　　c——测定方法的灵敏度，$\mu g/mL$；

　　　d——最高容许浓度，mg/m^3。

若气体中待测物质浓度很高，则不受最小采气体积的限制，可以少采些。

（3）采样点的选择

根据测定的目的选择采样点，同时应考虑工艺流程、生产情况、待测物质的物理化学性质、排放情况以及当时的气象条件等因素。每一个采样点必须同时平行采集两个样品，测定结果之差不得超过 20%，采样时的温度和压力须记录。

如果生产过程是连续性的，可分别在几个不同地点、不同时间进行采样；如果生产是间断性的，可在待测物质产生前、产生后以及产生的当时，分别采样测定。

2. 分析试样的分解

试样可选用湿法或干法分解，湿法是用酸、碱或盐的溶液来分解试样，干法则用固体盐、碱来熔融或烧结分解试样。

a. 酸分解法

由于酸较易提纯，过量的酸（除磷酸外）较易除去，分解时不引进除氢离子以外的其他阳离子，操作简单，使用温度低，对容器腐蚀性小，因此酸分解法应用较广。酸分解法的缺点是对某些矿物质的分解能力较差，有些元素可能挥发损失。

（1）盐酸。

浓盐酸的沸点为108℃，故溶解温度最好低于80℃，否则，因盐酸蒸发太快，试样分解不完全。

①易溶于盐酸的元素或化合物有：Fe、Co、Ni、Cr、Zn以及普通钢铁、高铬钢、多数金属氧化物（如MnO_2、$2PbO·PbO_2$、Fe_2O_3等）、过氧化物、氢氧化物、硫化物、碳酸盐、硼酸盐等。

②不溶于盐酸的物质包括灼烧过的Al、Be、Cr、Fe、Ti、Zr和Th的氧化物、SnO_2、Sb_2O_5、Nb_2O_5、Ta_2O_5、磷酸锆、独居石、磷钇矿、锶、钡和铅的硫酸盐、尖晶石、黄铁矿、汞和某些金属的硫化物、铬铁矿、铌和钽矿石以及各种钍和铀的矿石。

③As（Ⅲ）、Sb（Ⅲ）、Ge（Ⅳ）和Se（Ⅳ）、Hg（Ⅱ）、Sn（Ⅳ）、Re（Ⅷ）容易从盐酸溶液中（特别是加热时）挥发失去。在加热溶液时，试样中的其他挥发性酸，诸如HBr、HI、HNO_3、H_3BO_3和SO_3当然也会失去。

（2）硝酸。

①易溶于硝酸的元素和化合物包括除金和铂系金属及易被硝酸钝化以外的金属、晶质铀矿（UO_2）和钍石（ThO_2）、铅矿、几乎所有铀的原生矿物及其碳酸盐、磷酸盐、硫酸盐。

②硝酸不宜用来分解氧化物以及元素Se、Te、As。很多金属浸入硝酸时形成不溶的氧化物保护层，因而不被溶解，这些金属包括Al、Be、Cr、Ga、In、Nb、Ta、Th、Ti、Zr和Hf。而Ca、Mg、Fe能溶于较稀的硝酸。

（3）硫酸。

①浓硫酸可分解硫化物、砷化物、氟化物、磷酸盐、锑矿物、铀矿物、独居石、萤石等。它还广泛用于氧化金属Se、As、Sn和Pb的合金及各种冶金产品，但铅沉淀为$PbSO_4$。溶解完全后，能方便地借加热至冒烟的方法除去部分剩余的酸，但这样做将失去部分砷。硫酸还经常用于溶解氧化物、氢氧化物、碳酸盐。由于硫酸钙的溶解度低，所以硫酸不适于溶解以钙为主要组分的物质。

②硫酸的一个重要应用是除去挥发性酸，但汞（Ⅱ）、Se（Ⅳ）和Re（Ⅶ）在某种程度上可能失去。磷酸、硼酸也会有损失。

（4）磷酸。

磷酸可用来分解许多硅酸盐矿物、多数硫化物矿物、天然的稀土元素磷酸盐、四价铀和六价铀的混合氧化物。磷酸最重要的分析应用是测定铬铁矿、铁氧体和各种不溶于氢氟酸的硅酸盐中的二价铁。

尽管磷酸有很强的分解能力，但通常仅用于一些单项测定，而不用于系统分析。磷酸与许多金属，甚至在较强的酸性溶液中，亦能形成难溶的盐，给分析带来许多不便。

（5）高氯酸。

温热或冷的稀高氯酸水溶液不具有氧化性。较浓的高氯酸（60%～72%）虽然冷时没有氧化能力，但是热时却是强氧化剂。纯高氯酸是极其危险的氧化剂，放置时将爆炸，因而绝不能使用。使用高氯酸、水和诸如乙酸酐或浓硫酸等脱水剂的混合物时应格外小心，每当高氯酸与性质不明的化合物混合时，也应极为小心，以免发生意外事故。

热的浓高氯酸几乎与所有的金属（除金和一些铂系金属外）起反应，并将金属氧化为最高价态，只有铅和锰呈较低氧化态，即 $Pb(II)$ 和 $Mn(II)$。但在此条件下，Cr 不被完全氧化为 $Cr(VI)$。若在溶液中加入氯化物可保证所有的铱都呈四价。高氯酸还可溶解硫化物矿、铬铁矿、磷灰石、三氧化二铬以及钢中夹杂的碳化物。

（6）氢氟酸。

氢氟酸广泛应用于天然或工业生产的硅酸盐的分解，同时也适用于许多其他物质，如 Nb，Ta，Ti 和 Zr 的氧化物，Nb 和 Ta 的矿石及含硅量低的矿石。另外，含钨铌钢、硅钢、稀土、铀等矿物也都用氢氟酸分解。

许多矿物，包括石英、绿柱石、锆石、铬铁矿、黄玉锡石、刚玉、黄铁矿、蓝晶石、十字石、黄铜矿、磁黄铁矿、红柱石、尖晶石、石墨、金红石、硅线石和某些电气石，用氢氟酸分解将遇到困难。

（7）混合酸。

混合酸常能起到取长补短的作用，具有更强的溶解能力。王水（HNO_3：$HCl=1:3$）可分解贵金属和辰砂、镉、汞、钙等多种硫化矿物，亦可分解铀的天然氧化物、沥青铀矿和许多其他的含稀土元素、钍、锆的衍生物，以及某些硅酸盐、钒矿物、彩钼铅矿、钼钙矿、大多数天然硫酸盐类矿物。

磷酸-硝酸：可分解铜和锌的硫化物和氧化矿物。

磷酸-硫酸：可分解许多氧化矿物，如铁矿石和一些对其他无机酸稳定的硅酸盐。

高氯酸-硫酸：适于分解铬尖晶石等很稳定的矿物。

高氯酸-盐酸-硫酸：可分解铁矿、镍矿、锰矿石。

氢氟酸-硝酸：可分解硅铁、硅酸盐及含钨、铌、钛等试样。

b. 熔融分解法

　　用酸或其他溶剂不能分解完全的试样，可用熔融的方法分解。此法是将熔剂和试样混合后，在高温下使试样转变为易溶于水或酸的化合物。熔融方法需要用到高温设备，且会引入大量熔剂的阳离子和坩埚物质，这对有些测定是不利的。

　　(1)熔剂分类。

　　①碱性熔剂，如碱金属碳酸盐及其混合物、硼酸盐、氢氧化物等。

　　②酸性熔剂，包括酸式硫酸盐、焦硫酸盐、氟氢化物、硼酐等。

　　③氧化性熔剂，如过氧化钠、碱金属碳酸盐及氧化剂混合物等。

　　④还原性熔剂，如氧化铅和含碳物质的混合物、碱金属和硫的混合物、碱金属硫化物和硫的混合物等。

　　(2)选择熔剂的基本原则。

　　一般说来，酸性试样采用碱性熔剂，碱性试样采用酸性熔剂，氧化性试样采用还原性熔剂，还原性试样采用氧化性熔剂，但也有例外。

　　(3)常用熔剂简介。

　　①碳酸盐。通常用 Na_2CO_3 或 $KNaCO_3$ 作熔剂来分解矿石试样，如分解钠长石、重晶石、铌钽矿、铁矿、锰矿等。熔融温度一般在 900~1000℃，时间在 10~30min，熔剂和试样的比例因不同的试样而有较大区别，如对铁矿或锰矿为 1∶1，对硅酸盐约为 5∶1，对一些难熔的物质如硅酸锆、釉和耐火材料等则要 10∶1~20∶1，通常用铂坩埚。碳酸盐熔融法的缺点是一些元素会挥发失去，汞和铊全部挥发，硒、砷、碘在很大程度上失去，氟、氯、溴损失较小。

　　②过氧化钠。过氧化钠常被用来熔解极难溶的金属和合金、铬矿以及其他难以分解的矿物，例如，钛铁矿、铌钽矿、绿柱石、锆石和电气石等。此法的不足是过氧化钠不纯且不能进一步提纯，一些坩埚材料常混入试样溶液中。为克服此缺点，可加 Na_2CO_3 或 $NaOH$。500℃ 以下，可用铂坩埚，600℃ 以下可用锆或镍坩埚，还可采用铁、银和刚玉坩埚。

　　③氢氧化钠(钾)。碱金属氢氧化物熔点较低(328℃)，熔融时可在比碳酸盐熔点低得多的温度下进行。对硅酸盐(如高岭土、耐火土、灰分、矿渣、玻璃等)，特别是对铝硅酸盐熔融十分有效。此外，还可用来分解铅钒、Nb、Ta 及硼矿物和许多磷酸盐以及氟化物。

　　用氢氧化物熔融，镍坩埚(600℃)和银坩埚(700℃)优于其他坩埚。熔剂用量与试样量比为 8∶1~10∶1。此法的缺点是熔剂易吸潮，因此熔化时易发生喷溅现象。优点是速度快，而且固化的熔融物容易溶解，F^-、Cl^-、Br^-、

As、B 等也不会损失。

④焦硫酸钾(钠)。焦硫酸钾熔融的熔剂可用 $K_2S_2O_7$，也可用 $KHSO_4$，后者脱水即得 $K_2S_2O_7$。熔融时温度不应太高，持续的时间也不应太长。假如试样很难分解，最好不时冷却熔融物，并加数滴浓硫酸。对 BeO、FeO、Cr_2O_3、Mo_2O_3、Tb_2O_3、TiO_2、ZrO_2、Nb_2O_5、Ta_2O_5 和稀土氧化物以及这些元素的非硅酸盐矿物，如钛铁矿、磁铁矿、铬铁矿、铌铁矿、钽铁矿等，焦硫酸盐熔融特别有效。常用铂和熔凝石英坩埚进行这类熔融，前者略被腐蚀，后者较好。熔剂与试样量之比为 15：1。

焦硫酸盐熔融不适于许多硅酸盐，此外，它也难以分解锡石、锆石和磷酸锆。焦硫酸盐熔融的应用因许多元素的挥发损失而受到限制。

3. 分解过程中的误差来源

a. 飞沫和挥发引起损失

当溶解过程伴有气体释出或在沸点温度下溶解时，溶液中产生的气泡在破裂时以飞沫形式带出溶液，造成少量溶液损失。盖上表面皿，可大大减少这种损失。

在蒸发液体或用湿法分解试样(特别是生物试样)时，有时会遇到起泡沫的问题。要解决这个问题，可将试样置浓硝酸中静置过夜。有时在湿法化学分解之前，先在 300~400℃ 下将有机物质预先灰化，这对消除泡沫十分有效。防止起泡沫的更常用方法是加入化学添加剂，如脂族醇，有时也可用硅酮油。

熔融分解或溶液蒸发时盐类沿坩埚壁蠕升亦引起损失。为减少这种损失应尽可能在油浴或砂浴上均匀地加热坩埚，有时可采用不同材料的坩埚来避免出现这种现象。

在溶解无机物质时，除了卤化氢、二氧化硫等容易挥发的酸和酸酐以外，许多其他可形成挥发性化合物的元素，如 As，Sb，Sn，Se，Hg，Ge，B，Os，Ru 和形成氢化物的 C，P，Si 以及 Cr 等也会挥发损失。要防止挥发损失可采取适当措施，如在带回流冷凝管的烧瓶中进行反应。熔融分解试样时，由于反应温度高，挥发损失的可能性大为增加，但只要在坩埚上加盖便可大大减少这种损失。

b. 吸附引起的损失

待测组分吸附在容器壁上使其量减少。吸附量与器壁表面的性质有关，不同的容器，其吸附作用显著不同，不同物质的吸附作用也不一样。彻底清洗容器能显著减弱吸附作用。如除去玻璃表面的油脂，则表面吸附大为减小。在许多情况下，将溶液酸化足以防止无机阳离子吸附在玻璃或石英上。一般说来，阴离子吸附的程度较小，因此，对那些强烈被吸附的离子可加配位体使其生成配阴离子而减小吸附。

c. 空白值

分解试样时，溶剂用量一般较大，即使采用高纯试剂，亦可能有较大空白值。除此以外，所用容器也可能会产生空白值。如，坩埚留有以前测定的已熔融或已成合金的残渣，在随后分析工作中，后者可能释出。另外，试样与容器反应也会改变空白值，例如，硅酸盐、磷酸盐和氧化物容易与瓷坩埚的釉化合，但石英仅在高温下才与氧化物反应。对氧化物或硅酸盐残渣，选用铂坩埚则较好。可见，减少溶剂用量，小心选择容器材料可有效降低或消除空白值。

1.4 分析化学实验数据的记录、处理和实验报告

1. 实验数据的记录

学生应备有编有页码的专门的实验记录本，且不得撕去任何一页。绝不允许将数据记在单张纸、小纸片、书或手掌等上面。实验记录本可与实验报告本共用，实验后即在实验记录本上写出实验报告。

实验中的各种测量数据及有关现象，应及时准确且清楚地记录下来。记录实验数据时，要实事求是，切忌夹杂主观因素，决不能随意拼凑或伪造数据。实验测量数据应注意其有效数字的位数。用分析天平称重时，要求记录到 0.0001g；滴定管及吸量管的读数，应记录至 0.01mL；用分光光度计测量溶液的吸光度时，如吸光度在 0.6 以下，应记录至 0.001 的读数，大于 0.6 时，则要求记录至 0.01 的读数。实验记录上的每一个数据，都是测量结果，重复观测时，即使数据完全相同，也都要记录下来。

记录时，文字应工整，数据应清楚地记在一定的表格内。若发现数据算错、测错或读错而需要改动时，可将该数据用一横线划去，并在其上方写上正确的数字。

2. 分析数据的处理

为了评价分析结果的精密度，一般要计算出单次测定的一组结果 x_1，x_2，$\cdots$，x_n，的算术平均值 $\bar{x}$、相对偏差、平均偏差、标准偏差等，计算方法如下：

算术平均值为

$$\bar{x} = \frac{x_1 + x_2 + \cdots + x_n}{n} = \frac{\sum x_i}{n}$$

相对偏差为

$$d_r = \frac{x_i - \bar{x}}{\bar{x}} \times 100\%$$

平均偏差为

$$\bar{d} = \frac{|x_1 - \bar{x}| + |x_2 - \bar{x}| + \cdots + |x_n - \bar{x}|}{n} = \frac{\sum |x_i - \bar{x}|}{n}$$

相对平均偏差为

$$\bar{d}_r = \frac{\bar{d}}{\bar{x}} \times 100\%$$

标准偏差为

$$s = \sqrt{\frac{\sum (x_i - \bar{x})^2}{n - 1}}$$

相对标准偏差为

$$\mathrm{RSD} = \frac{s}{\bar{x}} \times 100\%$$

其中，相对偏差在分析化学实验中最常用。例如，用 K_2CrO_7 法测定铁矿石中 Fe 的质量分数，五次测定结果分别为：37.40%、37.20%、37.30%、37.50%、37.30%，其处理结果见表 1-2。

表 1-2   **数据及处理结果**

序号	$\omega_{Fe}/\%$	$\bar{\omega}_{Fe}/\%$	绝对偏差/%	相对偏差/%
x_1	37.40		+0.06	0.16
x_2	37.20		−0.14	−0.37
x_3	37.30	37.34	−0.04	−0.11
x_4	37.50		+0.16	0.43
x_5	37.30		−0.04	−0.11

有关实验数据的其他统计学处理，如置信度与置信区间、是否存在显著性差异、可疑值的判断等，可参考有关书籍和专著。

3. 实验报告

实验完毕，应用专门的实验报告本或报告单，及时认真地写出实验报告。

分析化学实验报告一般包括以下内容：

实验(编号)　　实验名称

一、实验目的

二、实验原理　简要地用文字和化学反应式说明。例如，对于滴定分析，通常应有标定和滴定反应方程式，基准物质和指示剂的选择，标定和滴定的计算公式等。对涉及特殊仪器装置的实验，应画出实验装置图。

三、主要试剂和仪器　列出实验中用到的主要试剂和仪器。

四、实验步骤　可简明扼要地写出实验步骤。

五、实验数据及处理　用文字、表格、图形将数据表示出来，再根据实验要求算出结果。尽可能用表格形式记录，这样比较清楚明了。

六、问题讨论

解答实验后面所附的思考题，并对实验中的现象、产生的误差等进行分析讨论，以提高自己分析问题、解决问题的能力，也为以后的科学研究论文的撰写打下一定的基础。

1.5　实验室安全知识

在分析化学实验中常常会用到一些腐蚀性强、易燃、易爆或有毒的化学试剂，易损的玻璃仪器，一些精密分析仪器以及水、电、煤气等。为确保实验的正常进行和实验人员的人身安全，必须严格遵守下述实验室安全规则。

(1)实验室内严禁饮食、吸烟，一切化学药品禁止入口，实验完毕须洗手。水、电、煤气灯使用完毕后，应立即关闭，并在离开实验室时再作仔细检查。

(2)使用煤气灯时，应先将空气孔调小，再点燃火柴，然后一边打开煤气开关，一边点火。不允许先开煤气灯，再点燃火柴。点燃煤气灯后，应调节好火焰。用后立即关闭。

(3)使用电器设备时，切不可用湿润的手去开启电闸和电器开关。凡是漏电的仪器不要使用，以免触电。

(4)浓酸、浓碱具有强烈的腐蚀性，切勿溅在皮肤或衣服上。使用浓 HNO_3，HCl，H_2SO_4，$HClO_4$，氨水时，均应在通风橱中操作。夏天，打开浓氨水瓶盖之前，应先将氨水瓶放在自来水流水下冷却，再行开启。如不小心将酸或碱溅到皮肤或眼内，应立即用水冲洗，然后用 $50g \cdot L^{-1}$ 碳酸氢钠溶液(酸腐蚀时采用)或 $50g \cdot L^{-1}$ 硼酸溶液(碱腐蚀时采用)冲洗，最后用水冲洗。

(5)使用 CCl₄、乙醚、苯、丙酮、三氯甲烷等有机溶剂时，一定要远离火焰和热源。使用完后将试剂瓶塞严，放在阴凉处保存。低沸点的有机溶剂不能直接在火焰或热源(煤气灯或电炉)上加热，而应在水浴上加热。

(6)热、浓的 $HClO_4$ 遇有机物常易发生爆炸。如果试样为有机物，应先用浓硝酸加热，使之与有机物发生反应，有机物被破坏后再加入 $HClO_4$。蒸发 $HClO_4$ 所产生的烟雾易在通风橱中凝聚，若经常使用 $HClO_4$，通风橱应定期用水冲洗，以免 $HClO_4$ 的凝聚物与尘埃、有机物作用，引起燃烧或爆炸。

(7)使用汞盐、砷化物、氰化物等剧毒物品时应特别小心。特别注意氰化物不能接触酸，否则会产生剧毒的 HCN！含氰废液可先加 NaOH 调至 pH>10，再加入过量的漂白粉，使 CN^- 氧化分解；或在碱性条件下加入过量的硫酸亚铁溶液，使 CN^- 转化为亚铁氰化物，然后作废液处理。严禁将含氰废液直接倒入下水道或废液缸中。

硫化氢气体有毒，涉及有关硫化氢气体的操作时，一定要在通风橱中进行。

(8)若发生烫伤，可在烫伤处抹上黄色的苦味酸溶液或烫伤软膏。严重者应立即送医院治疗。实验室若发生火灾，应根据起火的原因进行针对性灭火。汽油、乙醚等有机溶剂着火时，用砂土扑灭，此时绝对不能用水，否则反而会扩大燃烧面；导线或电器着火时，不能用水或 CO_2 灭火器，而应首先切断电源，用 CCl₄ 灭火器灭火，并根据火情决定是否要向消防部门报告。

(9)实验室应保持室内整齐、干净。不能将毛刷、抹布扔在水槽中。禁止将固体物、玻璃碎片等扔入水槽内，以免造成下水道堵塞，此类物质以及废纸、废屑应放入废纸箱或实验室规定存放的地方。废酸、废碱应小心倒入废液缸，切勿倒入水槽内，以免腐蚀下水管。

第二章 定量分析实验仪器和基本操作

2.1 微型滴定仪器及操作

3.000mL 微量四氟滴定管的使用：

图 2-1 微型滴定管

为减少废液排放，保护环境，减少贵重试剂的用量，微型滴定分析逐步在实验教学中得到推广，由武汉大学化学与分子科学学院实验中心研制的 WD-COII 型 3.000mL 微量四氟滴定管已被授予国家专利，专利号：ZL00230756.1。

微型滴定管结构如图 2-1 所示。图中，1 为缓冲球，作用是防止滴定剂吸取过量而冲至吸耳球中和消除吸入刻度管内的气泡；2 为刻度管；3 为四氟旋塞；4 为塑料套管滴头。

微量滴定管使用方法：

(1)将滴定管固定在滴定台架上。

(2)打开旋塞，用吸耳球抽取清洗液至刻度管内，反复挤压吸耳球，让清洗液不断上下抽动。洗完后，再用清水和蒸馏水洗净，如刻度管内的油污很多，可先用热的洗涤液抽洗或浸一段时间，再用清水洗。

(3)加滴定液时，将滴定管放入试剂瓶中，旋开活塞，用吸耳球吸取滴定液至玻璃球内，再放至 0 刻度线，旋紧活塞，套上塑料套管滴头，即可进行滴定操作。

2.2 容量玻璃仪器的校正

容量玻璃仪器的容积并不经常与它所标出的大小完全符合，由于玻璃具有热胀冷缩的性质，不同温度下，其容积是不同的。因此，对于准确度要求较高的分析，必须对量器进行校正，容量器皿的校准方法通常有称量法和相对校准法两种。

1. 称量法

称量法是指在校准室内温度波动小于 1℃/h，所用器皿和水都处于同一室时，用分析天平称出容量器皿所量入或量出的纯水的质量，然后根据该温度下水的密度，将水的质量换算为容积。

由于水的密度和玻璃容器的体积随温度的变化而改变，以及在空气中称量受到空气浮力的影响，因此将任一温度下水的质量换算成容积时必须对下列三点加以校正：

（1）校准温度下水的密度。

（2）校准温度下玻璃的热膨胀。

（3）空气浮力对所用称物的影响。

为了便于计算，将此三项校正值合并而得一总校正值列入表 2-1，表中的数字表示在不同温度下，用水充满 20℃时容积为 1L 的玻璃容器，在空气中用黄铜砝码称取的水的质量。校正后的容积是指 20℃时该容器的真实容积。应用该表来校正容量仪器是十分方便的。

a. 滴定管的校正

将滴定管洗净至内壁不挂水珠，加入纯水，驱除活塞下的气泡，取一磨口塞锥形瓶，擦干瓶外壁、瓶口及瓶塞，在分析天平上称重。将滴定管的水面调节到正好在 0.00 刻度处。按滴定时常用的速度（每秒 3 滴）将一定体积的水放入已称重的具塞锥形瓶中，注意勿将水沾在瓶口上。在分析天平上称量盛水的锥形瓶重，读出水重，并计算真实体积，倒掉锥形瓶中的水，擦干瓶外壁、瓶口和瓶塞然后称量瓶重。滴定管重新充水至 0.00 刻度，再放另一体积的水至锥形瓶中，称量盛水的瓶重，算出此段水的实际体积。如上法继续检定至 0 至最大刻度的体积，算出真实体积。

表 2-1　　　**不同温度下用水充满 20℃时容积为 1L 的玻璃容器，**
在空气中以黄铜砝码称取的水的质量

温度/℃	质量/g	温度/℃	质量/g	温度/℃	质量/g
0	998.24	14	998.04	28	995.44

续表

温度/℃	质量/g	温度/℃	质量/g	温度/℃	质量/g
1	998.32	15	997.93	29	995.18
2	998.39	16	997.80	30	994.91
3	998.44	17	997.65	31	994.64
4	998.48	18	997.51	32	994.34
5	998.50	19	997.34	33	994.06
6	998.51	20	997.18	34	993.75
7	998.50	21	997.00	35	993.45
8	998.48	22	996.80	36	993.12
9	998.44	23	996.60	37	992.80
10	998.39	24	996.38	38	992.46
11	998.32	25	996.17	39	992.12
12	998.23	26	995.93	40	991.77
13	998.14	27	995.69		

重复检定一次,两次检定所得同一刻度的体积相差不应大于 0.01mL,算出各个体积处的校正值(两次平均),以读数为横坐标,校正值为纵坐标,解校正值曲线,以备使用滴定管时查取。

一般 50mL 滴定管每隔 10mL 测一个校正值,25mL 滴定管每隔 5mL 测一个校正值,3mL 微量滴定管每隔 0.5mL 测一个校正值。

计算方法举例:

在 19℃时由滴定管放出 0.00~30.00mL 水的质量为 29.9290g,查表得 19℃时水的密度为 997.34g/L,滴定管的真实体积(20℃时)应为

$$\frac{29.9290}{997.34} \times 1000 = 30.01(mL)$$

校正值 = 30.01 - 30.00 = +0.01(mL)

b. 容量瓶的校正

将洗涤合格,并倒置沥干的容量瓶放在分析天平上称量。取蒸馏水充入已称重的容量瓶中至刻度,称量并测水温(准确至 0.5℃)。根据该温度下的密度,计算真实体积。

c. 移液管的校正

将移液管洗净至内壁不挂水珠，取具塞锥形瓶，擦干外壁、瓶口及瓶塞，然后称重。按移液管使用方法量取已测温的纯水，放入已称重的锥形瓶中，在分析天平上称量盛水的锥形瓶，计算在该温度下的真实容积。

2. 相对校准法

用一个已校准的玻璃容器间接地校准另一个玻璃容器，称为相对校准法。在滴定分析中，要求确知两种量器之间的比例关系时，可用此法，最为常用的是用校准过的移液管来校准容量瓶的容积，其方法如下：

用洗净的 25mL 移液管吸取蒸馏水，放入洗净沥干的 100mL 容量瓶内，平行移取 4 次，观察容量瓶中水的弯月面下缘是否与割线相切，若不相切，记下弯月面下缘的位置，再重复实验一次。连续两次实验相符后，用一平直的窄纸条贴在与水弯月面下缘相切之处，并在纸条上刷蜡或贴一块透明胶布以保护此标记。以后使用的容量瓶与移液管即可按所标记配套使用。

玻璃容器的最大允许公差见表 2-2。

表 2-2　　　　　　　　　　　玻璃容器的最大允许公差

容量 V/mL	标准容量限差($\pm$)/mL													
	无塞滴定管、具塞滴管、微量滴定管		吸量管							容量瓶		量筒		量杯
			单标线者		有分度和无分度有两标线者									
					完全流出式		不完全流出式		吹出式					
	A级	B级	A级	B级	A级	B级	A级	B级		A级	B级	A级	B级	
2000	–	–	–	–	–	–	–	–	–	0.60	1.20	10.0	20.0	
1000	–	–	–	–	–	–	–	–	–	0.40	0.80	5.0	10.0	
500	–	–	–	–	–	–	–	–	–	0.25	0.50	2.5	5.0	6.0
250	–	–	–	–	–	–	–	–	–	0.15	0.30	1.0	2.0	3.0
200	–	–	–	–	–	–	–	–	–	0.15	0.3	–	–	–
100	0.10	0.20	0.08	0.16	–	–	–	–	–	0.10	0.20	0.5	1.0	1.5
50	0.05	0.10	0.05	0.10	0.10	0.20	0.10	0.20	–	0.05	0.10	0.25	0.5	1.0

续表

容量 V/mL	无塞滴定管、具塞滴定管、微量滴定管		吸量管							容量瓶		量筒		量杯
			单标线者		有分度和无分度有两标线者									
					完全流出式		不完全流出式		吹出式					
	A级	B级	A级	B级	A级	B级	A级	B级		A级	B级	A级	B级	
40	–	–	–	–	0.10	0.20	0.10	0.20	–	–	–		–	–
25	0.05	0.10	0.03	0.03	0.10	0.20	0.10	0.20	–	0.03	0.06	0.25	0.5	–
20			0.03	0.06								–	–	0.5
15			0.025	0.05	–	–								
11	–													
10	0.025	0.05	0.02	0.04	0.05	0.1	0.05	0.1	0.100	0.02	0.04	0.1	0.2	0.4
5	0.01	0.02	0.015	0.03	0.025	0.050	0.025	0.050	0.050	0.02	0.04	0.05	0.1	0.2
4	–													
3														
2	0.01	0.02	0.010	0.020	0.012	0.025	0.012	0.025	0.025	–				
1	0.01	0.02	0.007	0.015	0.008	0.015	0.008	0.015	0.015					
0.5							0.010	0.010						
0.25	–	–	–		–		0.005	0.008	–	–				
0.20							0.005	0.003	–					
0.10							0.003	0.004	–					

标准容量限差(±)/mL

2.3 重量分析法的基本操作

重量分析法是利用沉淀反应，使被测物质转变成一定的称量形式后测定物质含量的方法。

重量分析的基本操作包括：样品溶解、沉淀、过滤、洗涤、烘干和灼烧等步骤。任何过程的操作正确与否，都会影响最后的分析结果，故每一步操作都需认真、正确。

1. 样品的溶解

根据被测试样的性质，选用不同的溶（熔）解试剂，以确保待测组分全部溶解，且不使待测组分发生氧化还原反应造成损失，加入的试剂应不影响测定。

所用的玻璃仪器内壁（与溶液接触面）不能有划痕，玻璃棒两头应烧圆，以防黏附沉淀物。

溶解试样操作如下：

（1）试样溶解时不产生气体的溶解方法。称取样品放入烧杯中，盖上表面皿，溶解时，取下表面皿，凸面向上放置，试剂沿下端紧靠着杯内壁的玻璃棒慢慢加入，加完后将表面皿盖在烧杯上。

（2）试样溶解时产生气体的溶解方法。称取样品放入烧杯中，先用少量水将样品润湿，表面皿凹面向上盖在烧杯上，用滴管滴加，或沿玻璃棒将试剂自烧杯嘴与表面皿之间的孔隙缓慢加入，以防猛烈产生气体，加完试剂后，用水吹洗表面皿的凸面，流下来的水应沿烧杯内壁流入烧杯中，用洗瓶吹洗烧杯内壁。

试样溶解需加热或蒸发时，应在水浴锅内进行，烧杯上必须盖上表面皿，以防溶液剧烈爆沸或迸溅，加热、蒸发停止时，用洗瓶洗表面皿或烧杯内壁。

溶解时需用玻璃棒搅拌的，此玻璃棒再不能作为它用。

2. 试样的沉淀

重量分析时对被测组分的洗涤应是完全和纯净的。要达到此目的，对晶形沉淀的沉淀条件应做到"五字原则"，即稀、热、慢、搅、陈。

稀：沉淀的溶液配制要适当稀。

热：沉淀时应将溶液加热。

慢：沉淀剂的加入速度要缓慢。

搅：沉淀时要用玻璃棒不断搅拌。

陈：沉淀完全后，要静止一段时间陈化。

为达到上述要求，沉淀操作时，应一手拿滴管，缓慢滴加沉淀剂，另一手持玻璃棒不断搅动溶液，搅拌时玻璃棒不要碰烧杯内壁和烧杯底，速度不宜快，以免溶液溅出。加热时应在水浴或电热板上进行，不得使溶液沸腾，否则会引起水溅或产生泡沫飞散造成被测物的损失。

沉淀完后，应检查沉淀是否完全，方法是将沉淀溶液静止一段时间，让沉淀下沉，上层溶液澄清后，滴加一滴沉淀剂，观察交接面是否混浊，如混浊，表明沉淀未完全，还需加入沉淀剂；反之，如清亮则沉淀完全。

沉淀完全后，盖上表面皿，放置一段时间或在水浴上保温静置 1h 左右，让沉淀的小晶体生成大晶体，不完整的晶体转为完整的晶体。

3. 沉淀的过滤和洗涤

过滤和洗涤的目的在于将沉淀从母液中分离出来，使其与过量的沉淀剂及其他杂质组分分开，并通过洗涤将沉淀转化成一纯净的单组分。

对于需要灼烧的沉淀物，常在玻璃漏斗中用滤纸进行过滤和洗涤，对只需烘干即可称重的沉淀，则在古氏坩埚中进行过滤，洗涤。

过滤和洗涤必须一次完成，不能间断。在操作过程中，不得造成沉淀的损失。

a. 滤纸

滤纸分为定性滤纸和定量滤纸两大类，重量分析中使用的是定量滤纸，定量滤纸经灼烧后，灰分小于 0.0001g 者称"无灰滤纸"，其质量可忽略不计；若灰分质量大于 0.0002g，则需从沉淀物中扣除其质量，一般市售定量滤纸都已注明每张滤纸的灰分质量，可供参考。定量滤纸一般为圆形，按直径大小分为 11cm，9cm，7cm，4cm 等规格。按滤速可分为快、中、慢速三种，定量滤纸的选择应根据沉淀物的性质来定，滤纸大小的选择应注意沉淀物完全转入滤纸中后，沉淀物的高度一般不超过滤纸圆锥高度的 1/3 处。滤纸的型号、性质和适用范围如表 2-3 所示。

表 2-3 　　　　　国产滤纸的型号与性质

	分类与标志	型号	灰分 mg/张	孔径/μm	过滤物晶形	适应过滤的沉淀	相对应的砂芯玻璃坩埚号
定量	快速黑色或白色纸带	201	<0.10	80~120	胶状沉淀物	$Fe(OH)_3$ $Al(OH)_3$ H_2SiO_3	G1 G2 可抽滤稀胶体

	分类与标志	型号	灰分 mg/张	孔径/μm	过滤物晶形	适应过滤的沉淀	相对应的砂芯玻璃坩埚号
定量	中速蓝色纸带	202	<0.10	30~50	一般结晶形沉淀	SiO_2 $MgNH_4PO_4$ $ZnCO_3$	G3 可抽滤粗晶形沉淀
	慢速红色或橙色纸带	203	0.10	1~3	较细结晶形沉淀	$BaSO_4$ CaC_2O_4 $PbSO_4$	G4 G5 可抽滤细晶形沉淀
定性	快速黑色或白色纸带	101		>80	无机物沉淀的过滤分离及有机物重结晶的过滤		
	中速蓝色纸带	102		>50			
	慢速红色或橙色纸带	103		>3			

b. 沉淀的过滤，转移和洗涤

（1）用滤纸过滤。

过滤分三步进行：第一步采用倾泻法，尽可能地过滤上层清液，如图 2-2 所示；第二步转移沉淀到漏斗上；第三步清洗烧杯和漏斗上的沉淀。此三步操作一定要一次完成，不能间断，尤其是过滤胶状沉淀时更应如此。

第一步采用倾泻法是为了避免沉淀过早堵塞滤纸上的空隙，影响过滤速度。沉淀剂加完后，静置一段时间，待沉淀下降后，将上层清液沿玻璃棒倾入漏斗中，玻璃棒要直立，下端对着滤纸的三层边，尽可能靠近滤纸但不接触。倾入的溶液量一般只充满滤纸的 2/3，离滤纸上边缘至少 5mm，否则少量沉淀因毛细管作用越过滤纸上缘，造成损失。

暂停倾泻溶液时，烧杯应沿玻璃棒使其向上提起，逐渐使烧杯直立，以免使烧杯嘴上的液滴流失。带沉淀的烧杯放置方法如图 2-3 所示，烧杯下放一块木头，使烧杯倾斜，以利沉淀和清液分开，待烧杯中沉淀澄清后，继续倾注，重复上述操作，直至上层清液倾完为止。开始过滤后，要检查滤液是否透明，如浑浊，应另换一只洁净烧杯，将滤液重新过滤。

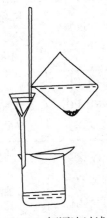

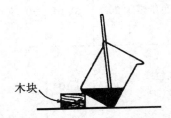

木块

图 2-2　倾泻法过滤　　　　图 2-3　过滤时带沉淀和溶液的烧杯放置方法

　　用倾泻法将清液完全过滤后，应对沉淀作初步洗涤。选用什么洗涤液，应根据沉淀的类型和实验内容而定，洗涤时，沿烧杯壁旋转着加入约 10mL 洗涤液(或蒸馏水)吹洗烧杯四周内壁，使黏附着的沉淀集中在烧杯底部，待沉淀下沉后，按前述方法，倾出过滤清液，如此重复 3~4 次，然后再加入少量洗涤液于烧杯中，搅动沉淀使之均匀，立即将沉淀和洗涤液一起，通过玻璃棒转移至漏斗上，再加入少量洗涤液于杯中，搅拌均匀，转移至漏斗上，重复几次，使大部分沉淀都转移到滤纸上，然后将玻璃棒横架在烧杯口上，下端应在烧杯嘴上，且超出杯嘴 2~3cm，用左手食指压住玻璃棒上端，大拇指在前，其余手指在后，将烧杯倾斜放在漏斗上方，杯嘴向着漏斗，玻璃棒下端指向滤纸的三边层，用洗瓶或滴管吹洗烧杯内壁，沉淀连同溶液流入漏斗中(见图 2-4)。如有少许沉淀牢牢黏附在烧杯壁上而吹洗不下来，可用前面折叠滤纸时撕下的纸角，以水湿润后，先擦玻璃棒上的沉淀，再用玻璃棒按住纸块沿杯壁自上而下旋转着把沉淀擦"活"，然后用玻璃棒将它拨出，放入该漏斗中心的滤纸上，与主要沉淀合并，用洗瓶吹洗烧杯，把擦"活"的沉淀微粒涮洗入漏斗中。在明亮处仔细检查烧杯内壁、玻璃棒、表面皿是否干净、不黏附沉淀，若仍有一点痕迹，再行擦拭，转移，直到完全为止。有时也可用沉淀帚(见图 2-5)在烧杯内壁自上而下、从左向右擦洗烧杯上的沉淀，然后洗净沉淀帚。沉淀帚一般可自制，剪一段乳胶管，一端套在玻璃棒上，另一端用橡胶胶水黏合，用夹子夹扁晾干即成。

图 2-4　转移沉淀的操作　　　　　　　　　图 2-5　沉淀帚

　　沉淀全部转移至滤纸上后，接着要进行洗涤，目的是除去吸附在沉淀表面的杂质及残留液。洗涤方法如图 2-6 所示，将洗瓶在水槽上洗吹出洗涤剂，使洗涤剂充满洗瓶的导出管后，再将洗瓶拿在漏斗上方，吹出洗瓶的水流从滤纸的多重边缘开始，螺旋形地往下移动，最后到多重部分停止，这称为"从缝到缝"，这样，可使沉淀洗得干净且可将沉淀集中到滤纸的底部。为了提高洗涤效率，应掌握洗涤方法的要领。洗涤沉淀时要少量多次，即每次螺旋形往下洗涤时，所用洗涤剂的量要少，以便于尽快沥干，沥干后，再行洗涤。如此反复多次，直至沉淀洗净为止。这通常称为"少量多次"原则。

图 2-6　在滤纸上洗涤沉淀

　　过滤和洗涤沉淀的操作，必须不间断地一次完成。若时间间隔过久，沉淀会干涸，粘成一团，就几乎无法洗涤干净了。无论是盛着沉淀还是盛着滤液的烧杯，都应该经常用表面皿盖好。每次过滤完液体后，即应将漏斗盖好，以防落入尘埃。

　　（2）用微孔玻璃漏斗或微孔玻璃坩埚过滤。

31

不需称量的沉淀或烘干后即可称量或热稳定性差的沉淀，均应在微孔玻璃漏斗或微孔玻璃坩埚内进行过滤，微孔玻璃滤器如图 2-7 所示，这种滤器的滤板是用玻璃粉末在高温下熔结而成的，因此又常称为玻璃钢砂芯漏斗(或玻璃钢砂芯坩埚)。此类滤器均不能过滤强碱性溶液，以免强碱腐蚀玻璃微孔。按微孔的孔径大小由大到小可分为六级，即 $G_1 \sim G_6$(或称 1 号~6 号)。其规格和用途见表 2-4。

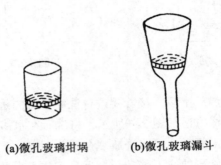

(a)微孔玻璃坩埚　　(b)微孔玻璃漏斗

图 2-7　微孔玻璃滤器

表 2-4　　　　　　　　　　微孔玻璃滤器的规格和用途

滤板编号	孔径/μm	用途	滤板编号	孔径/μm	用途
G_1	20~30	滤除大沉淀物及胶状沉淀物	G_4	3~4	滤除液体中细的沉淀物或极细沉淀物
G_2	10~15	滤除大沉淀物及气体洗涤	G_5	1.5~2.5	滤除较大杆菌及酵母
G_3	4.5~9	滤除细沉淀及水银过滤	G_6	1.5 以下	滤除 1.4~0.6μm 的病菌

微孔玻璃滤器的使用方法：

①洗涤。新的滤器使用前应以热浓盐酸或铬酸洗液边抽滤边清洗，再用蒸馏水洗净。使用后的微孔玻璃滤器，针对不同沉淀物采用适当的洗涤剂洗涤。首先用洗涤剂、水反复抽洗或浸泡微孔玻璃滤器，再用蒸馏水冲洗干净，在110℃条件下烘干，保存在无尘的柜或有盖的容器中备用。表 2-5 列出洗涤微孔玻璃滤器的洗涤液可供选用。

表 2-5 　　　　　　　　　　　洗涤微孔玻璃滤器的常用洗涤剂

沉淀物	洗涤液
AgCl	（1+1）氨水或 10%$Na_2S_2O_3$溶液
$BaSO_4$	100℃浓硫酸或 EDTA-NH_3溶液（3%EDTA 二钠盐 500mL 与浓氨水 100mL 混合），加热洗涤
氧化铜	热 $KClO_4$或 HCl 混合液
有机物	铬酸洗液

②过滤。微孔玻璃滤器必须在抽滤的条件下，采用倾泻法过滤，其过滤、洗涤、转移沉淀等操作均与滤纸过滤法相同。

4. 沉淀的烘干和灼烧

过滤所得沉淀经加热处理，即获得组成恒定的与化学式表示组成完全一致的沉淀。

a. 沉淀的烘干

烘干一般是在 250℃以下进行。凡是用微孔玻璃滤器过滤的沉淀，可用烘干方法处理。其方法为将微孔玻璃滤器连同沉淀放在表面皿上，置于烘箱中，选择合适温度。第一次烘干时间可稍长（如 2h），第二次烘干时间可缩短为 40min，沉淀烘干后，置于干燥器中冷至室温后称重。如此反复操作几次，直至恒重为止。注意每次操作条件要保持一致。

b. 沉淀的包裹、干燥、炭化与灼烧

灼烧是指高于 250℃以上温度进行的处理。它适用于用滤纸过滤的沉淀，灼烧是在预先已烧至恒重的瓷坩埚中进行的。

c. 沉淀的包裹

对于胶状沉淀，因体积大，可用扁头玻璃棒将滤纸的三层部分挑起，向中间折叠，将沉淀全部盖住，如图 2-8 所示，再用玻璃棒轻轻转动滤纸包，以便擦净漏斗内壁可能粘有的沉淀。

然后将滤纸包转移至已恒重的坩埚中。包晶形沉淀可按照图 2-9 中的（a）法或（b）法卷成小包将沉淀包好后，用滤纸原来不接触沉淀的那部分，将漏斗内壁轻轻擦一下，擦下可能粘在漏斗上部的沉淀微粒。把滤纸包的三层部分向上放入已恒重的坩埚中，这样可使滤纸较易灰化。

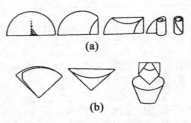

图 2-8　胶状沉淀的包裹　　　　图 2-9　过滤后滤纸的折叠

d. 沉淀的干燥和灼烧

将放有沉淀包的坩埚倾斜置于泥三角上，使多层滤纸部分朝上，以利烘烤，如图 2-10(a)所示。

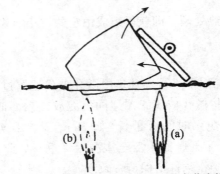

(a)沉淀的干燥和滤纸的炭化　(b)滤纸的灰化和沉淀的灼烧

图 2-10　沉淀的干燥和灼烧

沉淀烘干这一步不能太快，尤其对于含有大量水分的胶状沉淀，很难一下烘干，若加热太猛，沉淀内部水分迅速汽化，会挟带沉淀溅出坩埚，造成实验失败。当滤纸包烘干后，滤纸层变黑而炭化，此时应控制火焰大小，使滤纸只冒烟而不着火，因为着火后，火焰卷起的气流会将沉淀微粒吹走。如果滤纸着火，应立即停止加热，用坩埚钳夹住坩埚盖将坩埚盖住，让火焰自行熄灭，切勿用嘴吹熄。

滤纸全部炭化后，把煤气灯置于坩埚底部，逐渐加大火焰，并使氧化焰完全包住坩埚，烧至红热，把炭完全烧成灰，这种将炭燃烧成二氧化碳除去的过程叫灰化(见图 2-10(b))。

沉淀和滤纸灰化后，将坩埚移入高温炉中(根据沉淀性质调节适当温度)，盖上坩埚盖，但留有空隙。在与灼热空坩埚相同的温度下，灼烧 40~45min，与空坩埚灼烧操作相同，取出，冷至室温，称重。然后进行第二次、第三次灼烧，直至坩埚和沉淀恒重为止。一般第二次以后只需灼烧 20min 即可。所谓恒重，是指相邻两次灼烧后的称量差值不大于 0.4mg。每次灼烧完毕从炉内取出后，都应在空气中稍冷后，再移入干燥器中，冷却至室温后称重。然后再灼烧、冷却、称量，直至恒重。要注意每次灼烧、称重和放置的时间都要保持一致。

5. 重量分析计算

前面谈到被测离子溶液在一定条件下与沉淀剂作用生成的沉淀，其化学组成称为沉淀形式。沉淀经过滤，洗涤，干燥，灰化，灼烧后的化学组成称为称量形式，作为最后称量形式。有些物质的沉淀形式和称量形式可能相同，如 $BaSO_4$、$AgCl$。还有些物质的沉淀形式和称量形式不同，如测定 Mg^{2+} 或 PO_4^{3-} 时沉淀形式均为 $Mg_2NH_4PO_4$，而称量形式却为 $Mg_2P_2O_7$；又如测定 Fe^{3+} 时沉淀形式为 $Fe(OH)_3$ 沉淀，称量形式为 Fe_2O_3。在结果计算时是以称量形式的质量计算。

例如：以铁的定量测量为例，测得 Fe_2O_3 沉淀质量为 $m_{Fe_2O_3}$，Fe 的试样质量为 m_s，分别以 Fe，FeO，Fe_2O_3，Fe_3O_4 的质量分数表示：

$$\omega_{Fe} = \frac{M_{Fe_2O_3}\frac{2M_{Fe}}{M_{Fe_2O_3}}}{m_s}$$

$$\omega_{FeO} = \frac{m_{Fe_2O_3}\frac{2M_{FeO}}{M_{Fe_2O_3}}}{m_s}$$

$$\omega_{Fe_2O_3} = \frac{m_{Fe_2O_3}}{m_s}$$

$$\omega_{Fe_3O_4} = \frac{m_{Fe_2O_3}\times\frac{2M_{Fe_3O_4}}{3M_{Fe_2O_3}}}{m_s}$$

式中，$2M_{Fe}/M_{Fe_2O_3}$，$2M_{FeO}/M_{Fe_2O_3}$，$2M_{Fe_3O_4}/3_{Fe_2O_3}$ 称为被测组分的化学因数。

$$被测组分质量分数=称量形式质量\times\frac{化学因数}{试样质量}$$

2.4 定量分析常用仪器及操作

1. 分析天平

分析天平是精确称取物质质量的精密仪器。了解分析天平的性能、结构和正确熟练地进行称量是定量分析实验的基本要求。

a. 分析天平的分类

(1) 天平按其结构分类

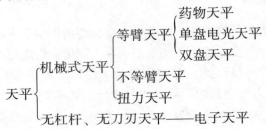

(2) 按天平的准确度分类

机械杠杆式天平可分为四级：Ⅰ——特种准确度(精细天平)，Ⅱ——高准确度(精密天平)，Ⅲ——中等准确度(商用天平)，Ⅳ——普通准确度(粗糙天平)。

国家标准 GB/T 4168—92 将机械杠杆式天平的Ⅰ级和Ⅱ级细分为 10 个级别。按其最大称量与分度值之比(m_{max}/D，即分度数 n 值的大小)，在Ⅰ级中又分为七个小级Ⅱ级中分为三个小级，如表 2-6 所示。

表 2-6 机械杠杆式天平的分级

准确度级别	最大称量与分度值之比 n
I_1	$1 \times 10^7 \leqslant n < 2 \times 10^7$
I_2	$4 \times 10^6 \leqslant n < 1 \times 10^7$
I_3	$2 \times 10^6 \leqslant n < 4 \times 10^6$
I_4	$1 \times 10^6 \leqslant n < 2 \times 10^6$
I_5	$4 \times 10^5 \leqslant n < 1 \times 10^6$
I_6	$2 \times 10^5 \leqslant n < 4 \times 10^5$

续表

准确度级别	最大称量与分度值之比 n
I_7	$1 \times 10^5 \leqslant n < 2 \times 10^5$
II_8	$4 \times 10^4 \leqslant n < 1 \times 10^5$
II_9	$2 \times 10^4 \leqslant n < 4 \times 10^4$
II_{10}	$1 \times 10^4 \leqslant n < 2 \times 10^4$

对于电子天平,我国目前暂不细分天平的级别,但使用时必须指出天平的最大称量 $m_{\max}$ 和天平的检定标尺分度 D。

(3)按分度值大小分类

分析天平按分度值大小可分为常量(0.1mg)、半微量(0.01mg)、微量(0.001mg)等六类。

通常所说的分析天平一般是指最大称量在 200g 以下,灵敏度高,误差小的天平。

在精度等级分类中,4~6 级天平称为普通分析天平,1~3 级天平称为精密微量分析天平。

分析天平的型号及规格如表 2-7 所示。

表 2-7　　　　　　　　　　　分析天平的型号及规格

类别	产品名称	型号	规格和主要技术数据		生产厂家
			最大称量/g	分度值/mg	
双盘天平	全机械加码分析天平	TG-328A	200	0.1	上海、宁波、温州天平仪器厂 湖南仪器仪表总厂
	部分机械加码分析天平	TG-328B	200	0.1	
单盘天平	单盘分析天平	TG-729	100	1	上海天平仪器厂 湖南仪器仪表总厂
		DTQ-160	160	0.1	
		TG-18	160	0.1	
	单盘精密分析天平	DT-100	100	0.1	湖南仪器仪表总厂
电子天平	上皿式电子天平	FA-1004	100	0.1	上海天平仪器厂
		FA-1604	160	0.1	
		EL/AL-204	220	0.1	梅特勒-托利多仪器(上海)公司

由于电子天平所具有的优越性能,使它在分析化学实验中应用越来越广泛,故本书只着重介绍电子天平的使用。

用现代电子控制技术进行称量的天平称为电子天平,其称量原理是电磁力平衡原理。当把通电导线放在磁场中时,导线将产生磁力,当磁场强度不变时,力的大小与流过线圈电流的强度成正比。如物体的重力方向向下,电磁力方向向上,两者相平衡,则通过导线的电流与被称物体的质量成正比。

电子天平采用弹性簧片为支承点,无机械天平的玛瑙刀口,采用数字显示代替指针显示。具有性能稳定,灵敏度高,操作方便快捷(放上被称物后,几秒内即能读数),精度高等优点。电子天平还具有自动校正,全量程范围实现去皮重、累加、超载显示、故障报警等功能。它有克、米制克拉、金盎司等多种量单位可供选择。并且具有质量电信号输出,可以与计算机、打印机连接,实现称量、记录和计算的自动化,这些优点是机械天平无法比拟的。故其应用也越来越广泛。

电子天平可分为上皿式和下皿式两种结构。所谓上皿式指的是称量盘在支架上面;而称量盘吊挂在支架下面的为下皿式。目前使用较为广泛的是上皿式电子天平。

(1)EL/AL-204 型电子天平

现以 EL/AL-204 型电子天平为例,具体介绍其结构、性能和使用方法。

①外形结构

②主要技术指标(见表 2-8)其结构如图 2-11 所示。

表 2-8   EL/AL-204 型电子天平的主要技术指标

可读性	0.1mg
最大称量值	210g
重复性(s)	0.1mg
线性误差	±0.3mg
外部校准砝码	200g
秤盘尺寸/mm	$\Phi90$
典型稳定时间/s	4
外形尺寸($W\times D\times H$)/mm^3	238×335×364

③特点。

天平的结构

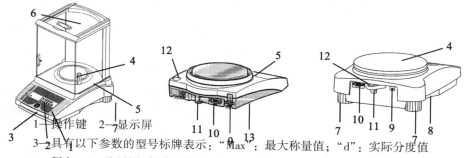

1—操作键 2—显示屏
3—具有以下参数的型号标牌表示："Max"：最大称量值；"d"：实际分度值
4—秤盘 5—防风圈（部分天平有） 6—防风罩 7—水平调节脚
8—用于下挂称量的秤钩孔（在天平底部） 9—交流电源适配器插座
10—RS232C 接口（选购件） 11—防盗锁（选购件）连接环
12—水平泡 13—电池盒（仅袖珍型天平有）
EL 系列的所有天平具有相同的操作键和显示屏。

图 2-11 电子天平外形图

除了称量、去皮、和校准等基本操作还可以激活百分比称量、称量值回忆、计件称量、动态称量、加减称量、自由牛顿因子等内置应用程序，多种称量单位的转换：g，kg，mg，ct，Ib，ozt，dwt 等。

④使用时的环境条件。

环境温度　　　　　　　10~30℃
相对湿度　　　　　　　15%~80%　无凝结

⑤使用操作。

i. 调节水平

如水平仪水泡偏移，需调整水平调节脚，使水泡位于水平仪中心。天平在放置到新位置时，应该重新调节水平。

ii. 打开电源开关使天平通电预热，在进行首次称量前必须至少预热 60min，以达到工作温度。

iii. 天平校准

因存放时间较长，位置移动，环境变化或为获得精确测量，天平在使用前

外部校准

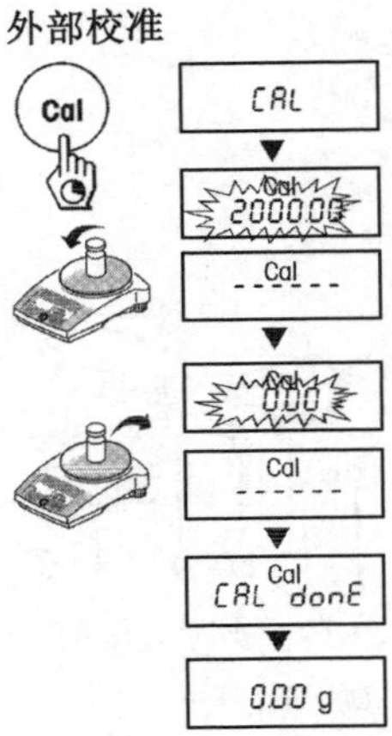

图 2-12　校准显示顺序

一般都应进行校准操作。

校准显示顺序如图 2-12 所示。

该天平具有两种操作方式，称量方式和菜单方式。根据所选择的操作方式和按键时间的长短，各键有不同含义。

下面用图例来表示操作功能键，见图 2-13。

该系列天平具有两种操作方式：称量方式和菜单方式。根据所选择的操作方式和按键时间的长短，各键有不同的含义。

学生在使用电子天平时，一般只允许进行基础称量，禁用其他功能键。

称量方式

称量方式下的操作键功能

短时间按键		长时间按键	
1/10d	·可读性减小	Cal	·校准
On	·开机	Off	·关机
→0/T←	·清零/去皮		
C	·取消		
↻	·转换 ·改变设置	F	·功能调用；所需功能须在菜单中激活，否则在显示屏上将出现"F nonE"
⇨	·通过接口传输称量数据到激活的打印机 ·数据设置确认	Menu	·菜单调用(按住键不放，直到出现"MENU")

菜单方式

菜单方式下的操作键功能

短时间按键		长时间按键	
1/10d	·改变设置 ·显示数值减小1位	1/10d	·数值快速减小
C	·退出菜单 (不保存退出)	—	
↻	·改变设置 ·显示数值增加1位	↻	·数值快速增加
⇨	·选择下一个菜单项	Menu	·保存并且退出菜单

图 2-13　操作键功能一览

（2）AE-240 型电子天平。

AE-240 型电子天平的读数精度为 0.01mg，即通常所说的十万分之一天平。

①外形结构

AE-240 型电子天平的操作部件及接口如图 2-14 所示。

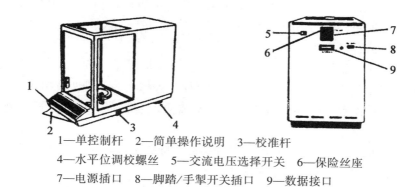

1—单控制杆　2—简单操作说明　3—校准杆

4—水平位调校螺丝　5—交流电压选择开关　6—保险丝座

7—电源插口　8—脚踏/手掣开关插口　9—数据接口

图 2-14　操作部件及接口

②技术指标(见表 2-9)

表 2-9　　　　　　　　　　　AE-240 型电子天平的技术指标

称量质量	40g	200g
读数精度 称量范围 除皮范围	0.01mg 0~41g 0~41g	0.1mg 0~205g 0~205g
稳定时间	8s	8s
积分时间	3/6/12s	1.5/3/6s
重要性(标准偏差) 线性 线性	0.02mg 在 40g 时±0.03mg 在 5g 时±0.02mg	0.1mg 在 205g 时±0.2mg 在 10g 时±0.1mg
容许操作室温灵敏度漂移	10~40℃ 10~30℃　$2 \times 10^{-6}/℃$	10~40℃ $2 \times 10^{-6}/℃$

③操作

调整天平水平位置，使水平显示器中的气泡位于圆圈的正中央。

天平的开启及去皮：

开启：按一次控制杆(1)开启处，所有的显示组件均发亮数秒之久：88888888，可借此检查显示的功能，其后，0.0000便会显示。

称量范围的选择：按下控制杆(1)处的转换处，天平显示出现"RNG"字样(RNG即范围)，放开控制杆后再快速按一次，即可选择40g或200g的称量范围，当所需的范围选定后，显示"----"，闪动九次后返回至"0.0000"。天平进入所选定的称量范围。

扣除皮重：把被称物放置在秤盘上，其重量即显示，按一次控制杆(1)的去皮处，显示消失，然后出现"0.0000"字样，被称物的重量即被扣除。

称重：将所要称的物质放入已被扣除皮重的容器内，即显示所称物质的重量。

关闭：把控制杆(1)的关闭处轻轻抬起，即可关闭显示。如天平的显示为OFF的字样，只需再按一次控制杆。

简单的操作说明：天平底藏有一块可转出的卡片，印有简单的操作指南。详细步骤可参考其产品说明书。

b. 分析天平的称量方法

(1)固定质量称量法。

此法用于称取某一固定质量的试剂。要求被称物在空气中稳定、不吸潮、不吸湿，试样为粉末状，丝状或片状，如金属、矿石等。例如指定称取0.5000g某铁矿试样，将天平ON键按下，过几秒钟显示称量模式后，将一洁净的表面皿轻放在称盘中，显示质量数后，轻按清零键，出现全零状态，表面皿值已去除，即去皮重，然后用药匙取样轻轻振动，使之慢慢落在表面皿中间，至显示数值为0.5000g即可。轻按OFF键关闭天平，取出试样。

(2)直接称量法。

此法用于称量物体的质量，如容量器皿校正中称量锥形瓶的质量、干燥小烧杯质量，重量分析法中称量瓷坩埚等的质量。例如，称取一只小烧杯的质量时，轻按ON键，几秒钟后进入称量模式，将小烧杯轻放在秤盘中央，显示的数值即为烧杯的质量，记录数据，轻按OFF关闭键取出烧杯即可。

(3)递减(差减)称样法。

此法用于称量一定质量范围试样。其样品主要为易吸潮、易氧化以及与CO_2反应的物质。由于此法称量试样的量为两次称量之差，故又称差减法。例如，称取某一样品，从干燥器中取出称量瓶(注意不要让手指直接接触称量瓶及瓶盖)，用小纸片夹住瓶盖，打开瓶盖，用药匙加入适量样品(共取 3~5 份样品的质量)，盖上瓶盖，用滤纸条套在称量瓶上，轻放在已进入称量模式的秤盘上。轻按清零键去皮重，然后取出称量瓶，将称量瓶倾斜放在容器上方，用瓶盖轻轻敲瓶口上部，使试样慢慢落入容器中。当倒出的试样已接近所需的量时，慢慢地将瓶抬起，再用瓶盖轻敲瓶口上部，使粘在瓶口的试样落下，然后盖上瓶盖，放回称盘中。天平显示的读数即为试样质量，记录数据。用同样的方法称取第二份、第三份试样。其操作如图 2-15 所示。

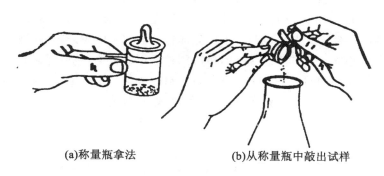

(a)称量瓶拿法　　　　　(b)从称量瓶中敲出试样

图 2-15　称量瓶使用示意图

2. 高温电阻炉 (马弗炉)

高温电阻炉也叫马弗炉，常用于重量分析中的样品灼烧、沉淀灼烧和灰分测定等工作。这里着重介绍三种马弗炉：SX10-HTS 型高温箱式电阻炉，TM6220S 型陶瓷纤维马弗炉和 SXL 型程控箱式电炉。

a. 高温箱式电阻炉(SX10-HTS 型)

该电炉以硅碳棒为加热元件。额定温度为 1000℃，与数显表、可控硅电压调整器及铂铑-铂热电偶配套，从而实现自动测量、显示和控温。它具有精度高，稳定性强，操作简便，读数直观、清晰等优点。

(1)外形结构

仪器外形结构如图 2-16 所示。

(2)结构简介。

电阻炉外形为长方体，炉壳用薄钢板折边焊接而成。内炉衬用轻质耐火纤维制成，它是高级保温材料的保温层。加热元件为硅碳棒，插于内炉的顶部与底部或两侧。

为了确保安全，炉体顶部或两侧有防护罩。温度控制调节旋钮和设定、显示装置的控制器，通过多级铰链固定在炉体右侧。

电炉炉门由单臂支承，通过多级铰链固定于电炉面板上。炉门关闭时，利用炉门把手的自重将炉门紧闭于炉口，通过门钩扣住门扣。开启时只需将把手稍往上提，脱钩后往外拉开，将炉门置于左侧即可。

（3）使用方法。

将装有样品的坩埚放入炉膛中部，关闭炉门。打开控温器的电源开关，绿灯显示加热，将温度设定旋钮设定到所需温度，温度显示指针将显示炉膛内温度，到设定温度后，加热会自动停止，红灯亮，表示处于保温状态。

加热时间到，先关闭电源，不应立即打开炉门，以免炉膛骤冷碎裂。一般可先开一条小缝，让其降温快些，最后用长柄坩埚钳取出被加热物体。

高温炉在使用时，要经常照看，防止自控失灵，造成电炉丝烧断等事故。炉膛内要保持清洁，炉子周围不要放易燃易爆物品。

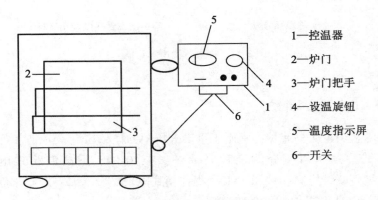

图 2-16　SX10-HTS 型电阻炉外形图

1—控温器
2—炉门
3—炉门把手
4—设温旋钮
5—温度指示屏
6—开关

b. TM6220S 型陶瓷纤维马弗炉

该炉既具有微波马弗炉的优点：保温好，升温快，可通风，重量轻，节电显著；又有普通马弗炉容积大，价格适中等优点。其空载时由室温升至 900℃ 不到 20min；而输入功率为 2.2kW，容积为 3L 的微波马弗炉也需 25min。

（1）TM6220S 型炉技术参数。

容积：6L

功率：2kW

温度：1200℃

温控精度：±2%FS

（2）TM6220S 型炉结构。

TM6220S 型炉包括炉和控制箱两部分。

炉：由炉腔和门部分构成。炉腔和门的主体均为陶瓷纤维。炉内左右两壁嵌有发热体；炉腔固定在前后与底构成的 U 形金属壳上，左右和顶为一倒 U 形金属罩；壳底有四个底脚支撑；后面板可卸下，便于更换发热体和传感器；其下有 6 芯矩形插座，用电缆连至控制箱；顶部可安装不锈钢风烟筒，以促进灰化。门在正前方，开门时，抓住把手斜着向上往怀里拉，然后顺着弹簧的力量向上推；反方向操作一遍，就可关门。

控制箱：控制箱面板示意图见图 2-17。在上部为一温度控制数显表，用法见其使用说明书；右上部为负载电压和电流表；下部从左至右为：电源开关、温度保持 LED、定时调整旋钮、功率调整旋钮；后面板上有保险器、控制连接插座和电源线。

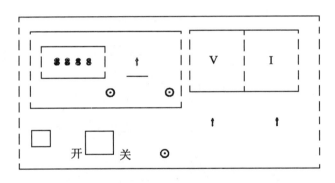

图 2-17　控制箱面板示意图

（3）安装与使用。

用连接线将炉体与控制箱相连，锁紧。温度控制器右下方的开关指向"测量"。

控制箱上的电源线连至接线板。

接通控制箱上的电源开关，开关上的氖管、温度控制器上数码管显示当前温度 T_i，用手触摸传感器，示值应有变化。

温度控制器右下部的开关指向"设定"，数码管指示设定温度，调整多圈电位器，改变设定温度 T_0，当它小于 T_i 时，绿色加热灯亮，大于 T_i 则红色停止灯亮。然后让 $T_0 = 600℃$，开关回到"测量"。

顺时针转动定时器旋钮，立即开始加热，将旋钮定在到达设定温度后需保持的时间上，然后观察电流，根据经验进行调整，在速度与温度之间找平衡，上升阶段，离设定温度差10℃左右时，每分钟升温不要超过4℃。

第一次达到 T 前，定时器旋钮不转；达到 T_0 后，温控器上温度保持黄色 LED 亮，定时器开始倒计时，加热时断时续，温度维持在 T_0 左右，如果波动过大，可调整电流。

定时时间到，铃响，停止加热，温度自然下降。不要急于开炉门，尽量避免骤冷。

c. SXL 型程控箱式电炉

（1）外形结构

SXL 型程控箱式电炉的外形结构如图 2-18 所示。

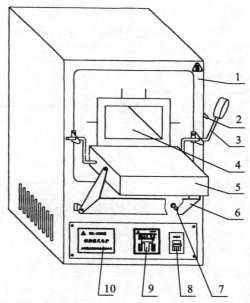

1—箱体　2—关闭销紧装置　3—炉门开、关杆　4—炉膛　5—炉门　6—隔热挡板
7—开关连锁微动开关　　8—电源开关　　9—控温仪　10—铭　牌
图 2-18　SXL 型程控箱式电炉外形结构

（2）结构简介

SXL 系列程控电炉炉膛采用高铝、碳化硅材料。当炉门开启时，不锈钢炉门壳体可作平台，可放置进出炉的器皿和工件。当炉门开启或关闭后，立即自动切断与接通电源，确保操作者安全。

测温用 K 型热电偶，由箱式电炉后背热电偶安装孔插入并加以固定。

加热恒温系统由微电脑芯片组成的控温仪，优质铁铬铝搞电阻丝制成的螺旋状电热元件所组成。控温仪带有三十段程序，设定、箱内温度同时显示。

（3）30 段可编程智能控温仪的面板功能。

30 段可编程智能控温仪的面板结构如图 2-19 所示。

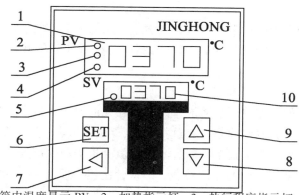

1—箱内温度显示 PV　2—加热指示灯　3—执行程序指示灯

4—上限报警指示灯　5—自整定指示灯　6—功能键 SET

7—移位键（◁）　8—减键（▽）　9—加键△　10—设定温度显示 SV

图 2-19　控温仪面板结构

（4）操作流程（分段设定，一般操作分 2~3 段即可）

P0 表示段数，P1 表示温度，P2 表示时间。下面以温度状态 700~800℃为例介绍如何设定温度：

（1）通电后 PV 窗显示箱内温度，SV 窗显示 0；

（2）按下 SET 键，PV 窗显示 P0（段数），用加键或者减键把 SV 窗设定为 1（表示第 1 段）；

（3）按下 SET 键，PV 窗显示 P1（温度），用加键或者减键把 SV 窗设定为 700（表示温度 700℃）；

(4)按下 SET 键，PV 窗显示 P2(时间)，用加键或者减键把 SV 窗设定为 60(表示升温到达 700℃后恒温 60min)；

(5)继续按下 SET 键，PV 窗第 2 次循环出现 P0、P1、P2，SV 窗分别设定 2、800、100(表示第 2 段温度 800℃、恒温时间 100 分钟)；

(6)继续按下 SET 键，PV 窗第 3 次循环出现 P0、P1、P2，SV 窗分别设定 3、750、80(表示第 3 段温度 750℃、恒温时间 80 分钟)；

(7)设定完毕，按下 SET 键(使 PV 窗回到 P0 状态后持续 4~5s)，确认设定程序；

(8)按移位键开始执行程序。

3. 分光光度计

在可见光分光光度计中，目前在教学中常用的有 721 型、721B 型、722 型光栅分光光度计和 7220 型微电脑分光光度计。本书着重介绍 VIS-7220 型分光光度计。

a. 分光光度计基本原理

分光光度计的基本原理是溶液中的物质在光的照射激发下，产生了对光吸收的效应。物质对光的吸收是具有选择性的，各种不同的物质都具有各自吸收光谱，因此当某单色光通过溶液时，其能量就会被吸收而减弱，光能量减弱的程度和物质的浓度有一定的比例关系，即符合比色原理——比耳定律。

$$T = I/I_0$$
$$lgI_0/I = Kcl$$
$$A = Kcl$$

式中，T 为透射比；I_0 为入射光强度；I 为透射光强度；A 为吸光度；K 为吸收系数；l 为溶液的光径长度；c 为溶液的浓度。

从以上公式可以看出，当入射光、吸收系数和溶液的光径长度不变时，透过光是随溶液的浓度而变化的，分光光度计就是根据上述物理光学现象而设计的。

b. 主要技术指标及规格

(1)波长范围，330~800nm。

(2)波长准确宽度，±2nm。

(3)波长重复性，1nm。

(4)透射比准确宽度，±0.5%τ。

(5)透射比重复性，0.3%τ。

（6）光谱带宽，2nm。

（7）光度范围，0%τ～110%τ，0A～2.5A。

（8）仪器稳定性，100%τ稳定性，0.5%τ/3min；0%τ稳定性，0.3%τ/2min。

（9）光学系统，光栅分光。

（10）仪器外形尺寸，（472×372×17）5mm。

（11）仪器净重，10kg。

（12）电压使用范围，220V±10%，50±1Hz。

c. 仪器视图与构件名称（见图2-20）

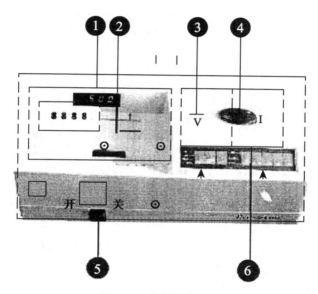

图2-20 仪器的前视图

（1）显示窗，显示测量值。可根据不同需要显示透射比值（%T）、吸光度值（ABS）以及浓度值（CONC），并能显示错误值。

（2）样品室门，打开样品室门将样品放入样品池里面，关上后可进行测量。

（3）波长显示窗，显示正在测量的波长值。

（4）波长调节旋钮，调节波长用，转动该旋钮时，显示窗的显示值会转变。

（5）样品池拉手，拉动样品池拉手可使被测样品依次进入光路。

（6）仪器操作键盘，根据需要进行仪器测量及功能转换。

d. 仪器使用操作说明

键盘的使用说明。

仪器键盘如图 2-21 所示。

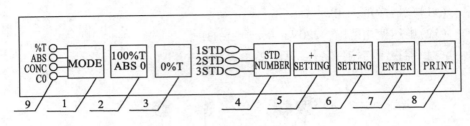

图 2-21

本仪器共有八个操作键，七个工作方式指示灯。每选一种工作方式时，其相应的指示灯就会点亮。

指示灯含义：

%T——透射比，ABS—吸光度，CONC——浓度，C0——建曲线，1STD、2STD、3STD——建曲线的方法。

键盘含义：

MODE——测量方式选择；

100%T、ABS0 键——透过率调百分之百、吸光度调零键；

0%T 键——透过率调零键；

STD NUMBER——工作曲线选择；

SETTING（+）——置数加；

SETTING（−）——置数减；

PRINT——打印；

ENTER——确认。

操作键的具体功能如下（按图 2-19 标号顺序）：

（1）MODE（工作方式选择键）。

共有四种工作方式供选择。这四种方式是透射比（%T）、吸光度（ABS）、浓度（CONC）及建曲线（C0），每按下此选键一次可循环进入相应的工作方式，同时相应的指示灯亮，指示当前工作状态。

（2）100%T、ABS0。

调100%键：按下此键后仪器自动对当前样品采样，并在%T指示灯亮时，显示窗显示100.0，或在ABS指示灯亮时，显示窗显示0.000。

（3）0%T。

调零键：调整仪器零点，显示器显示0.0。

（4）STD NUMBER（工作曲线选择）。

选标样点建曲线时，需选按"工作方式选择（MODE）键"，使"建曲线（C0）"指示灯亮。

共有三种曲线拟合方式供选择，分别是：1点法、2点法、3点法（例如，用3点法时，应使3STD的指示灯点亮）。在进行浓度测量时（CONC指示灯亮），STD哪个指示灯亮就表示用几点法建曲线和进行浓度测量。

（5）SETTING（+）（置数加）。

标准样品浓度置入数字增加键，改变显示器显示数值。

注意：该功能键只在建曲线功能下起作用。

（6）SETTING（-）（置数减）。

标准样品浓度置入数字减少键，改变显示器显示数值。

注意：该功能键只在建曲线功能下起作用。

（7）ENTR（确认）。

当按置数加、减键置好所需标样浓度值后按下此键，确定所输的标样值。

（8）PRINT（打印）。

在不同的方式选择功能下，可打印出透射比值，吸光度值及浓度值，在不同功能下的打印内容如下：

MEASURE SAMPLE（样品测量结果）；

COMPANY（单位）；

DATE（日期）；

ANALYST（分析者）。

注：以上信息只在开机后第一次按打印键时打印。

第三章 酸碱滴定实验

实验 1 有机酸摩尔质量的测定(微型滴定法)

一、实验目的

(1)学习有机酸摩尔质量的测定方法。
(2)掌握 NaOH 标准溶液的配制和标定方法。
(3)练习微量滴定操作。

二、实验原理

物质的酸碱摩尔质量可以根据滴定反应从理论上计算求得。本实验要求准确测定一种有机酸的摩尔质量,并与理论值进行比较。

大多数有机酸是固体弱酸,例如:

草酸 $H_2C_2O_4$　　$pK_{a1} = 1.23$　　$pK_{a2} = 4.19$

酒石酸　$\begin{array}{c} CH(OH)COOH \\ | \\ CH(OH)COOH \end{array}$　　$pK_{a1} = 2.85$　　$pK_{a2} = 4.34$

柠檬酸　$\begin{array}{c} CH(OH)COOH \\ | \\ CH(OH)COOH \\ | \\ CH_2COOH \end{array}$　$pK_{a1} = 3.15$　　$pK_{a2} = 4.77$　　$pK_{a3} = 6.39$

以上几种弱酸均易溶于水。当浓度为 $0.1mol \cdot L^{-1}$ 时,若 $cK_a \geqslant 10^{-8}$,即可用 NaOH 标准溶液滴定。因滴定突跃在弱碱性范围内,常选用酚酞作指示剂。滴定至终点溶液呈微红色,根据 NaOH 标准溶液的浓度和滴定时所消耗的体积,可计算该有机酸的摩尔质量。当有机酸为多元酸时,应根据每一级酸能否被准确滴定的判别式（$C_{ai}K_{ai} \geqslant 10^{-8}$）及相邻两级酸之间能否分级滴定的判别式（$C_{ai}K_{ai}/C_{ai+1}K_{ai+1} \geqslant 10^{5}$）来判断多元酸与 NaOH 之间的反应系数比，据此计算出有机酸的摩尔质量。

本实验选用邻苯二甲酸氢钾 （$KHC_8H_4O_4$，缩写为 KHP，

$pK_{a2} = 5.41$）作为基准试剂来标定 NaOH 溶液的浓度。邻苯二甲酸氢钾纯度高、稳定、不吸水，而且有较大的摩尔质量。标定时可用酚酞作指示剂。

三、主要仪器和试剂

1. 仪器

3.000mL 微型滴定管 1 支，50.00mL 容量瓶 2 个，25mL 锥形瓶 3 只，2.00mL 移液管 1 支。

2. 试剂

（1）$0.1mol \cdot L^{-1}$ NaOH 的配制。

称取 0.4g NaOH 于小烧杯中，加水使之全部溶解后，移入 100mL 试剂瓶中，用橡皮塞塞好瓶口，摇匀。

（2）邻苯二甲酸氢钾 $KHC_8H_4O_4$ 基准试剂。

在 $100 \sim 125℃$ 下干燥后备用。干燥温度不宜过高，否则脱水而成为邻苯二甲酸酐。

（3）酚酞指示剂（$2g \cdot L^{-1}$ 乙醇溶液）。

（4）有机酸试剂，如草酸，酒石酸，柠檬酸，乙酰水杨酸等。

四、实验步骤

1. 0.1mol/L NaOH 溶液的标定

准确称取 $KHC_8H_4O_4$ 基准物质 1.0g 左右于干燥小烧杯中，加蒸馏水溶解后，定量转入 50mL 容量瓶中，用水稀释至刻度，摇匀。用移液管准确移取 2.00mL 上述 $KHC_8H_4O_4$ 标准溶液于 25mL 锥形瓶中，加入 1 滴酚酞指示剂，用待标定的 NaOH 溶液滴至溶液呈微红色，保持 30s 不退色，即为终点。平行标定 3～5 份，计算 NaOH 溶液的浓度和相对偏差，其各次相对偏差应小于或等于 0.2%，否则需重新标定。

2. 有机酸摩尔质量的测定

准确称取有机酸试样 0.3g 左右于干燥小烧杯中，加水溶解后，定量转入 50mL 容量瓶中，用水稀释至刻度，摇匀。用 2.00mL 移液管平行移取三份，分别放入 25mL 锥形瓶中，加酚酞指示剂 1 滴，用 NaOH 标准溶液滴至溶液刚好由无色变为粉红色且 30s 内不退色，即为终点。计算有机酸摩尔质量。

五、数据记录与处理

将实验数据和计算结果填入表 3-1～表 3-2。

表 3-1 $KHC_8H_4O_4$标定 NaOH 溶液

编号	1	2	3
$KHC_8H_4O_4$的质量/g			
移取 $KHC_8H_4O_4$标准溶液/mL			
V_{NaOH}/mL			
c_{NaOH}/mol · L^{-1}			
c_{NaOH}平均值相对偏差			
相对偏差/%			
相对平均偏差/%			

表 3-2 有机酸摩尔质量的测定

编号	1	2	3
称取有机酸试样/g			
移取试液体积数/mL			
V_{NaOH}/mL			
有机酸摩尔质量/g · mol^{-1}			
有机酸摩尔质量平均值/g · mol^{-1}			
相对偏差/%			
相对平均偏差/%			

六、思考题

1. 如果 NaOH 标准溶液在保存过程中吸收了空气中的二氧化碳，用此标准溶液滴定同一种盐酸溶液时，分别选用甲基橙和酚酞为指示剂有何区别？为什么？

    2. 草酸、柠檬酸、酒石酸等有机多元酸能否用 NaOH 溶液滴定？

    3. $Na_2C_2O_4$ 能否作为酸碱滴定的基准物质？为什么？

实验2 食用醋中总酸度的测定(微型滴定法)

一、实验目的

(1)了解强碱滴定弱酸过程中 pH 值的变化,化学计量点以及指示剂的选择。

(2)学习食用醋中总酸度的测定方法。

(3)熟悉微量滴定操作。

二、实验原理

食用醋的主要成分是醋酸(HAc),此外还含有少量其他弱酸如乳酸等。醋酸的电离常数 $K_a = 1.8\times10^{-5}$,用 NaOH 标准溶液滴定醋酸,其反应式为

$$NaOH+HAc \Longrightarrow NaAc+H_2O$$

滴定化学计量点的 pH 值约为 8.7,应选用酚酞为指示剂,滴定终点时溶液由无色变为微红色,且 30s 内不退色。滴定时,不仅 HAc 与 NaOH 反应,食用醋中可能存在其他各种形式的酸也与 NaOH 反应,故滴定所得为总酸度,以 $\rho_{HAc}(g \cdot L^{-1})$ 表示。

三、主要仪器和试剂

1. 仪器

3.000mL 微型滴定管 1 支,25mL 锥形瓶 3 只,2.00mL 移液管 1 支,50.00mL 容量瓶 2 个。

2. 试剂

(1)NaOH 溶液($0.1mol \cdot L^{-1}$)。

(2)邻苯二甲酸氢钾($KHC_8H_4O_4$)基准试剂。

(3)酚酞指示剂($2g \cdot L^{-1}$乙醇溶液)。

(4)食用醋试液。

四、实验步骤

1. $0.1mol \cdot L^{-1}$NaOH 溶液的标定

实验步骤参见实验1。

2. 食用醋总酸度的测定

准确吸取食用醋试液 5.00mL 于 50mL 容量瓶中，用新煮沸并冷却的蒸馏水稀释至刻度，摇匀。用移液管移取 2.00mL 上述稀释后试液于 25mL 锥形瓶中，加入 5mL 蒸馏水，1 滴酚酞指示剂。用上述 0.1mol·L^{-1}NaOH 标准溶液滴至溶液呈微红色且 30s 内不退色，即为终点。平行测定 3 次，根据所有消耗的 NaOH 标准溶液的用量，计算食用醋总酸量 ρ_{HAc}(g·L^{-1})。

五、数据记录与处理

KHC$_8$H$_4$O$_4$标定 NaOH 溶液的表格参照表 3-1。

将食用醋总酸度的测定数据和计算结果填入表 3-3。

表 3-3 **食用醋总酸度的测定**

编号	1	2	3
移取食用白醋试样/mL			
移取稀释后体积数/mL			
V_{NaOH}/mL			
食用醋总酸度/g·100mL^{-1}			
食用醋总酸度平均值/g·100mL^{-1}			
相对偏差/%			
相对平均偏差/%			

六、注意事项

配制 NaOH 溶液和食用醋试液的蒸馏水必须是新煮沸的不含 CO$_2$的水，否则影响标定及测定。

七、思考题

1. 写出本实验中标定 c_{NaOH} 和测定 ρ_{HAc} 的计算公式。

2. 以 NaOH 溶液滴定 HAc 溶液，属于哪类滴定？怎样选择指示剂？

3. 测定醋酸含量时，所用的蒸馏水不能含二氧化碳，为什么？

实验 3　混合碱中各组分含量的测定(微型滴定法)

一、实验目的

(1)了解利用双指示剂法测定 Na_2CO_3 和 $NaHCO_3$ 混合物的原理和方法。

(2)学习用参比溶液确定终点的方法。

(3)进一步掌握微量滴定操作技术。

二、实验原理

混合碱是 $NaCO_3$ 与 NaOH 或 $NaHCO_3$ 与 Na_2CO_3 的混合物。欲测定同一份试样中各组分的含量,可用 HCl 标准溶液滴定,根据滴定过程中 pH 值变化的情况,选用酚酞和甲基橙为指示剂,常称之为"双指示剂法"。

若混合碱是由 Na_2CO_3 和 NaOH 组成,第一等当点时,反应如下:

$$HCl+NaOH \longrightarrow NaCl+H_2O$$

$$HCl+Na_2CO_3 \longrightarrow NaHCO_3+H_2O$$

以酚酞为指示剂(变色 pH 范围为 8.0~10.0),用 HCl 标准溶液滴定至溶液由红色恰好变为无色。设此时所消耗的盐酸标准溶液的体积为 $V_1(mL)$。第二等当点的反应为

$$HCl+NaHCO_3 \longrightarrow NaCl+CO_2 \uparrow +H_2O$$

以甲基橙为指示剂(变色 pH 范围为 3.1~4.4),用 HCl 标准溶液滴至溶液由黄色变为橙色。消耗的盐酸标准溶液为 $V_2(mL)$。

当 $V_1>V_2$ 时,试样为 Na_2CO_3 与 NaOH 的混合物,中和 Na_2CO_3 所消耗的 HCl 标准溶液为 $2V_1(mL)$,中和 NaOH 时所消耗的 HCl 量应为 $(V_1-V_2)mL$。据此,可求得混合碱中 Na_2CO_3 和 NaOH 的含量。

当 $V_1<V_2$ 时,试样为 Na_2CO_3 与 $NaHCO_3$ 的混合物,此时中和 Na_2CO_3 消耗的 HCl 标准溶液的体积为 $2V_1$ mL,中和 $NaHCO_3$ 消耗的 HCl 标准溶液的体积为 $(V_2-V_1)mL$。可求得混合碱中 Na_2CO_3 和 $NaHCO_3$ 的含量。

双指示剂法中,一般是先用酚酞,后用甲基橙指示剂。由于以酚酞作指示剂时从微红色到无色的变化不敏锐,因此也常选用甲酚红-百里酚蓝混合指示剂。甲酚红的变色范围为 6.7(黄)~8.4(红),百里酚蓝的变色范围为 8.0(黄)~9.6(蓝),混合后的变色点是 8.3,酸色为黄色,碱色为紫色,混合指示剂变色敏锐。用盐酸标准溶液滴定试液由紫色变为粉红色,即为终点。

三、主要仪器和试剂

1. 仪器

电子天平，3.000mL 微型滴定管，50.00mL 容量瓶，2.00mL 移液管，25mL 锥形瓶，50mL 小烧杯。

2. 试剂

(1)0.1mol·L^{-1}HCl 溶液，用吸量管吸取约 0.5mL 浓盐酸于 50mL 试剂瓶中，加水稀释至 50mL。因浓盐酸挥发性很强，操作应在通风橱中进行。

(2)无水 Na_2CO_3 基准物质，将无水 Na_2CO_3 置于烘箱内，在 180℃下，干燥 2~3h。(3)酚酞指示剂：2g·L^{-1}乙醇溶液。

(4)甲基橙指示剂，1g·L^{-1}。

(5)混合指示剂，将 0.1g 甲酚红溶于 100mL 500g·L^{-1}乙醇中，0.1g 百里酚蓝指示剂溶于 100mL 200g·L^{-1}乙醇中。1g·L^{-1}甲酚红与 1g·L^{-1}百里酚蓝的配比为 1∶6。

(6)混合碱试样。

四、实验步骤

1. 0.1mol·L^{-1}HCl 溶液的标定

准确称取无水 $Na_2CO_3$0.5g 左右于干燥小烧杯中，用少量水溶解后，定量转移至 50mL 容量瓶中，稀释至刻度，摇匀。

准确移取上述 Na_2CO_3 标准溶液 2.00mL 于 25mL 锥形瓶中，加 1 滴甲基橙指示剂，用 HCl 溶液滴定至溶液由黄色变为橙色，即为终点。平行测定 3~5 次，根据 Na_2CO_3 的质量和滴定时消耗 HCl 的体积，计算 HCl 溶液的浓度。标定 HCl 溶液的相对平均偏差应在±0.2%以内。

2. 混合碱的测定

准确移取混合碱试样 0.5g 左右于干燥小烧杯中，加水使之溶解后，定量转入 50mL 容量瓶中，用水稀释至刻度，充分摇匀。

准确移取 2.00mL 上述试液于 25mL 锥形瓶中，加酚酞 1 滴，用盐酸溶液滴定至溶液由红色恰好褪为无色，记下所消耗 HCl 标准溶液的体积 V_1，再加入甲基橙指示剂 1 滴，继续用盐酸溶液滴定溶液至由黄色恰好变为橙色，所消耗 HCl 溶液的体积记为 V_2，平行测定 3 次，计算混合碱中各组分的含量。

五、数据记录与处理

将实验数据和计算结果填入表 3-4 和表 3-5。

表 3-4   **0.1mol · L⁻¹ HCl 溶液的标定**

编号	1	2	3
Na_2CO_3/g			
V_{HCl}/mL			
c_{HCl}/mol · L⁻¹			
平均浓度/mol · L⁻¹			
相对偏差/%			
相对平均偏差/%			

表 3-5   **混合碱中各组分含量的测定**

编号	1	2	3
$m_{混合碱}$/g			
$V_{混合溶液}$/mL			
$V_{1,HCl}$/mL(酚酞)			
$\overline{V}_{1,HCl}$/mL(平均)			
混合碱中 Na_2CO_3 质量分数			
相对偏差/%			
相对平均偏差/%			
$V_{2,HCl}$/mL(甲基橙)			
$\overline{V}_{2,HCl}$/mL(平均)			
混合碱中 $NaHCO_3$ 质量分数			
相对偏差/%			
相对平均偏差/%			

六、注意事项

(1)滴定到达第二化学计量点时,由于易形成 CO_2 过饱和溶液,滴定过程中生成的 H_2CO_3 慢慢地分解出 CO_2,使溶液的酸度稍有增大,终点出现过早,因此在终点附近应剧烈摇动溶液。

(2)若混合碱是固体样品,应尽可能均匀,亦可配成混合试液供练习用。

七、思考题

1. 采用双指示剂法测定混合碱，在同一份溶液中测定，试判断下列五种情况下，混合碱中存在的成分是什么？

（1）$V_1 = 0$；（2）$V_2 = 0$；（3）$V_1 > V_2$；（4）$V_1 < V_2$；（5）$V_1 = V_2$。

2. 测定混合碱中总碱度，应选用何种指示剂？

3. 测定混合碱，接近第一化学计量点时，若滴定速度太快，摇动锥形瓶不够，致使滴定液 HCl 局部过浓，会对测定造成什么影响？为什么？

4. 标定 HCl 的基准物质无水 Na_2CO_3 如保存不当，吸收了少量水分，对标定 HCl 溶液浓度有何影响？

实验4　阿司匹林药片中乙酰水杨酸含量的测定

一、实验目的

(1)学习阿司匹林药片中乙酰水杨酸含量的测定方法。
(2)学习利用滴定法分析药品。

二、实验原理

阿司匹林曾经是国内外广泛使用的解热镇痛药，它的主要成分是乙酰水杨

酸。乙酰水杨酸是有机弱酸($K_a = 1 \times 10^{-3}$)，结构式为，　　　　　　摩尔

质量为 180.16g/mol，微溶于水，易溶于乙醇。在强碱性溶液中溶解并分解为
水杨酸(邻羟基苯甲酸)和乙酸盐，反应式如下：

$+3OH^-$ ====== $+3CH_3COO^- + 2H_2O$

由于药片中一般都添加一定量的赋形剂如硬脂酸镁、淀粉等不溶物，不宜
直接滴定，可采用反滴定法进行测定。将药片研磨成粉状后加入过量的 NaOH
标准溶液，加热一段时间使乙酰基水解完全，再用 HCl 标准溶液回滴过量的
NaOH，滴定至溶液由红色变为接近无色即为终点。在这一滴定反应中，1mol
乙酰水杨酸消耗 2mol NaOH。

三、主要仪器和试剂

1. 仪器
50mL 碱式滴定管，25.00mL 移液管，100mL 烧杯，250.00mL 容量瓶，表
面皿，电炉，研钵。
2. 试剂
(1)1mol·L^{-1}NaOH 溶液；
(2)0.1mol·L^{-1}HCl 溶液；
(3)酚酞指示剂(2g·L^{-1}乙醇溶液)；

（4）邻苯二甲酸氢钾 $KHC_8H_4O_4$ 基准试剂；

（5）无水 Na_2CO_3 基准试剂；

（6）硼砂 $Na_2B_4O_7 \cdot 10H_2O$ 基准试剂；

（7）阿司匹林药片。

四、实验步骤

1. $0.1mol \cdot L^{-1}$ HCl 的标定

a. 以无水 Na_2CO_3 基准物质标定

用差减法准确称取 0.15~0.2g 无水 Na_2CO_3，置于 250mL 锥形瓶中，加入 20~30mL 蒸馏水使之溶解后，滴加甲基橙指示剂 1~2 滴，用待标定的 HCl 溶液滴定，溶液由黄色变为橙色即为终点。根据所消耗的 HCl 的体积，计算 HCl 溶液的浓度 c_{HCl}。平行测定 5~7 份，各次相对偏差应在±0.2%以内。

b. 以硼砂 $Na_2B_4O_7 \cdot 10H_2O$ 为基准物质标定

用差减法准确称取 0.4~0.6g 硼砂，置于 250mL 锥形瓶中，加水 50mL 使之溶解后，滴加 2 滴甲基红指示剂，用 $0.1mol \cdot L^{-1}$ HCl 溶液滴定溶液至黄色恰好变为浅红色，即为终点。计算 HCl 溶液的浓度 c_{HCl}。平行测定 5~7 份，各次相对偏差应在±0.2%以内。

2. 药片中乙酰水杨酸含量的测定

将阿司匹林药片研成粉末后，准确称取约 0.6g 左右药粉，于干燥 100mL 烧杯中，用移液管准确加入 25.00mL $1mol \cdot L^{-1}$ NaOH 标准溶液后，用量筒加水 30mL，盖上表面皿，轻摇几下，水浴加热 15min，迅速用流水冷却，将烧杯中的溶液定量转移至 100mL 容量瓶中，用蒸馏水稀释至刻度线，摇匀。

准确移取上述试液 10.00mL 于 250mL 锥形瓶中，加水 20~30mL，加入 2~3 滴酚酞指示剂，用 $0.1mol \cdot L^{-1}$ HCl 标准溶液滴至红色刚刚消失即为终点。根据所消耗的 HCl 溶液的体积计算药片中乙酰水杨酸的质量分数及每片药剂中乙酰水杨酸的质量(g/片)。

3. NaOH 标准溶液与 HCl 标准溶液体积比的测定

用移液管准确移取 25.00mL $1mol \cdot L^{-1}$ NaOH 溶液于 100mL 烧杯中，在与测定药粉相同的实验条件下进行加热，冷却后，定量转移至 100mL 容量瓶中，稀释至刻度，摇匀。在 250mL 锥形瓶中加入 10.00mL 上 NaOH 溶液，加水 20~30mL，加入 2~3 滴酚酞指示剂，用 $0.1mol \cdot L^{-1}$ HCl 标准溶液滴定，至红色刚刚消失即为终点，平行测定 2~3 份，计算 V_{NaOH}/V_{HCl} 值。

五、数据记录与处理

将实验数据和计算结果填入表 3-6~表 3-9。

表 3-6 　　　　　　　　　　**0.1mol·L⁻¹HCl 溶液的标定**

编　　号	1	2	3
Na_2CO_3/g			
V_{HCl}/mL			
c_{HCl}/mol·L⁻¹			
$\bar{c}_{HCl}$/mol·L⁻¹			
相对偏差/%			
相对平均偏差/%			

表 3-7 　　　　　　　　　　**0.1mol·L⁻¹NaOH 的标定**

编　　号	1	2	3
$KHC_8H_4O_4$的质量/g			
V_{NaOH}/mL			
c_{NaOH}/mol·L⁻¹			
c_{NaOH}平均值相对偏差			
相对偏差/%			
相对平均偏差/%			

表 3-8 　　　　　　　　　　**药片中乙酰水杨酸含量的测定**

编　　号	1	2	3
乙酰水杨酸试样质量/g			
移取试液体积数/mL			
V_{HCl}/mL			
乙酰水杨酸含量/(g/g)			
乙酰水杨酸含量平均/(g/g)			
相对偏差/%			
相对平均偏差/%			

表 3-9　　　　　　　　**NaOH 标准溶液与 HCl 标准溶液体积比的测定**

编　　　号	1	2	3
V_{NaOH}/mL			
V_{HCl}/mL			
V_{NaOH}/V_{HCl}			
V_{NaOH}/V_{HCl}			
相对偏差/%			
相对平均偏差/%			

六、注意事项

需做空白试验。由于 NaOH 溶液在加热过程中会受空气中 CO_2 的干扰，给测定造成一定程度的系统误差，而在与测定样品相同的条件下测定两种溶液的体积比就可扣除空白值。

七、思考题

1. 在测定药片的实验中，为什么 1mol 乙酰水杨酸消耗 2mol NaOH，而不是 3mol NaOH？回滴后的溶液中，水解产物的存在形式是什么？
2. 请列出计算药片中乙酰水杨酸含量的关系式。
3. 若测定的是乙酰水杨酸纯品(晶体)，可否采用直接滴定法？

65

实验 5　磷矿中 P_2O_5 含量的测定

一、实验目的

(1)了解和学习矿石等实际样品酸溶分解的预处理方法。

(2)学习沉淀分离、过滤等基本操作。

(3)了解微量磷的酸碱滴定测定方法。

二、实验原理

钢铁和矿石等试样中的磷可采用酸碱滴定法进行测定。在硝酸介质中,磷酸与喹钼柠酮试剂反应,生成黄色沉淀:

$$PO_4^{3-}+12MoO_4^{2-}+3C_9H_7N+27H^+ ==\!= H_3PO_4 \cdot 12MoO_4^{2-}+3C_9H_7N+15H_2O$$

沉淀过滤之后,用水洗涤,然后将沉淀溶解于一定量且过量的 NaOH 标准溶液中,溶解反应为

$$H_3PO_4 \cdot 12MoO_3 \cdot (C_9H_7N)_3 \downarrow +27OH^- ==\!= PO_4^{3-}+12MoO_4^{2-}+3C_9H_7N+15H_2O$$

过量的 NaOH 再用 HCl 标准溶液返滴定,至百里酚蓝酚酞混合指示剂由紫色变为淡黄色即为终点。

回滴时: $H^+ + PO_4^{3+} ==\!= HPO_4^{2-}$,故

$$1P_2O_5 \sim 2P \sim 2H_3PO_44 \sim 2\times26NaOH$$

$$\omega_{P_2O_5}=\frac{\dfrac{1}{52}\left[\,(c_1V_{1NaOH}-c_2V_{2HCl})-(c_3V_{3NaOH}-c_4V_{4HCl})\,\right]}{m_s\times1000}\times M_{P_2O_5}\times100\%$$

式中, m_s 为矿样重,g; c_3V_{3NaOH} 和 c_4V_{4HCl} 分别为空白时的 NaOH 和 HCl 物质的量; $M_{P_2O_5}=141.95g \cdot mol^{-1}$。由于磷的化学计量数比(1:26)很小,本方法可用于微量磷的测定。

三、主要仪器和试剂

1. 仪器

漏斗两个,漏斗架,滤纸,250mL 烧杯 2 只,500mL 烧杯 2 只,玻璃棒两根,表面皿两只,50mL 碱式滴定管,电炉。

2. 试剂

(1)喹钼柠酮试剂。

溶液 A：称取 70g 钼酸钠溶于 150mL 热水中；

溶液 B：称取 60g 柠檬酸，溶于含 85mL HNO_3 和 150mL 水的溶液中；

溶液 C：在不断搅拌条件下将溶液 A 加入溶液 B 中。

喹钼柠酮试剂：取 5mL 喹啉，加入含 35mL HNO_3 和 100mL 水的溶液中，冷却后，在不断搅拌条件下，缓慢地加入到溶液 C 中，放置 24h 后过滤，于滤液中加入 280mL 丙酮，用水稀释至 1000mL，搅匀。

(2)盐酸溶液(0.5mol·L^{-1})及浓盐酸(AR)。

(3)氢氧化钠溶液(0.5mol·L^{-1})。

(4)百里酚蓝-酚酞混合指示剂：百里酚蓝(1g·L^{-1})乙醇溶液与酚酞(1g·L^{-1})以 1+3 体积相混合。

(5)邻苯二甲酸氢钾 $KHC_8H_4O_4$ 基准物质。

(6)无水碳酸钠 Na_2CO_3 基准物质。

(7)磷矿样(P_2O_5 含量 30%~35%)。

四、实验步骤

准确称取 0.1000g 矿样于 250mL 烧杯中，加入 10~15mL HCl 和 3~5mL HNO_3，盖上表面皿摇匀，放于电热板上加热，煮沸，待溶液蒸发至 3mL 左右时，加入 10mL(1+1)HNO_3，用水稀释至 100mL，盖上表面皿，加热至沸。在不断搅拌条件下，加入 50mL 喹钼柠酮试剂，生成 $H_3PO_4·12MoO_3·(C_9H_7N)_3$ 沉淀。继续加热至微沸 1min，取下烧杯，静置冷却后，用中速滤纸(带纸浆)过滤。用水洗涤烧杯和沉淀 8~10 次。将沉淀连滤纸转移至原烧杯中，加入 0.25mol·L^{-1} NaOH 标准溶液 25.00mL，搅拌溶解沉淀(注：应使 NaOH 标准溶液过量 5mL 左右)，加入百里酚蓝-酚酞混合指示剂 1mL 后，用 0.5mol·L^{-1} HCl 标准溶液回滴至溶液从紫色经灰色到淡黄色即为终点(注：同时做空白试液，空白可到淡黄色，试样可到灰色)。平行测定 2~3 份，并计算 P_2O_5 的含量。

五、数据记录与处理

参考前面实验。

六、思考题

1. 分解磷矿石时为什么用酸溶而不用碱溶？
2. 若需计算试样中 P 的质量分数，写出计算式。

实验6 尿素中氮含量的测定

一、实验目的

(1)学习尿素试样测定前的消化方法。

(2)学习以甲醛强化间接法测定尿素中的氮含量的原理和方法。

二、实验原理

尿素 $CO(NH_2)_2$ 经浓硫酸消化后转化为 $(NH_4)_2SO_4$,过量的 H_2SO_4 以甲基红作指示剂,用 NaOH 标准溶液滴定至溶液从红色到黄色。

$(NH_4)_2SO_4$ 为强酸弱碱盐,可用酸碱滴定法测定其含氮量,但由于 NH_4^+ 的酸性太弱($K_a=5.6\times10^{-10}$),故不能用 NaOH 标准溶液直接滴定。

甲醛法是基于铵盐与甲醛作用,可定量地生成六次甲基四胺盐和 H^+,反应式如下:

$$4NH_4^+ + 6HCHO = (CH_2)_6N_4H^+ + 6H_2O + 3H^+$$

由于生成的 $(CH_2)_6N_4H^+$($K_a=7.1\times10^{-6}$)和 H^+ 可用 NaOH 标准溶液滴定,滴定终点生成的 $(CH_2)_6N_4$ 是弱碱,化学计量点时,溶液的 pH 值约为 8.7,应选用酚酞为指示剂,滴定至溶液呈现微红色即为终点。

铵盐与甲醛的反应在室温下进行较慢,加甲醛后,需放置几分钟,使反应进行完全。

三、主要仪器与试剂

1. 仪器

50mL 碱式滴定管,100mL 烧杯,100mL 量筒,电炉,250.00mL 容量瓶,250mL 锥形瓶。

2. 试剂

(1)NaOH 溶液($0.1mol \cdot L^{-1}$);

(2)酚酞指示剂($2g \cdot L^{-1}$ 乙醇溶液);

(3)甲醛溶液($200g \cdot L^{-1}$);

(4)邻苯二甲酸氢钾($KHC_4H_8O_4$)基准试剂;

(5)尿素试样。

四、实验步骤

1. 甲醛溶液的处理

甲醛中常含有微量的甲酸(甲醛受空气氧化所致),应将其除去,否则会产生误差。处理方法如下:取原装甲醛上层清液于烧杯中用水稀释一倍,加入 1~2 滴酚酞指示剂,用 0.1mol·L⁻¹NaOH 溶液滴定至甲醛溶液呈淡红色。

2. 试样中含氮量的测定

准确称取尿素试样 1g 左右于 100mL 干燥的烧杯中,用量筒量取 6mL 浓硫酸。盖上表面皿,小火加热至无二氧化碳出现,即溶液中无气泡后,继续用大火加热 1~2min,冷却至室温,用洗瓶冲洗表面皿和烧杯壁。用 30mL 蒸馏水稀释,并定量转移至 250mL 容量瓶中,稀释至刻度,摇匀。

准确移取上述试液 25.00mL 于 250mL 锥形瓶中,加 2~3 滴甲基红指示剂,用 NaOH 溶液中和游离酸,先滴加 2mol·L⁻¹NaOH 溶液,将试液中和至溶液的颜色稍微变淡,再继续用 0.1mol·L⁻¹NaOH 中和至红色变为纯黄色。然后,加入 10ml(1+1)甲醛溶液,充分摇匀,放置 5min 后,加 5 滴酚酞溶液,用 0.1mol·L⁻¹NaOH 标准溶液滴定至溶液由纯黄色变为金黄色即为终点。根据所消耗的 NaOH 标准溶液的体积,计算尿素中 N 的质量分数。

五、数据记录与处理

参考前面实验。

六、注意事项

甲醛常以白色聚合状态存在(多聚甲醛),是链状聚合体的混合物。甲醛中含少量的聚甲醛不影响测定结果。

七、思考题

1. NH_4NO_3、NH_4HCO_3 中的含氮量能否用甲醛法测定?

2. 用 NaOH 标准溶液中和尿素样品中的游离酸时,能否选用酚酞为指示剂?为什么?

3. 中和过量的 H_2SO_4,加入 NaOH 溶液的量是否要准确控制?过量或不足对结果有何影响?加入的碱量是否要记录?

4. 滴定开始,溶液颜色变化为红色→金黄色→纯黄色→金黄色,是哪种指示剂在起作用?

实验 7　醋酸钠含量的测定(非水滴定法)

一、实验目的

(1)学习非水溶液酸碱滴定的原理及操作。

(2)掌握结晶紫指示剂的滴定终点的判断方法。

二、实验原理

醋酸钠在水溶液中,是一种很弱的碱($pK_b = 9.24$),不能在水中用强酸准确滴定。选择适当的溶剂如冰醋酸则可大大提高醋酸钠的碱性,可以 $HClO_4$ 为标准溶液进行滴定,其滴定反应为

$$H_2Ac^+ + \cdot ClO_4^- + NaAc \Longrightarrow 2HAc + NaClO_4$$

邻苯二甲酸氢钾常作为标定 $HClO_4$-HAc 标准溶液的基准物,其反应如下:

$$C_6H_4 \cdot COOH \cdot COOK + H_2Ac^+ \cdot ClO_4^- \Longrightarrow C_6H_4 \cdot COOHCOOH + HAc + KClO_4$$

由于测定和标定的产物为 $NaClO_4$ 和 $KClO_4$,它们在非水介质中的溶解度都较小,故滴定过程中随着 $HClO_4$-HAc 标准溶液的不断加入,慢慢有白色混浊物产生,但并不影响滴定结果。本实验选用醋酐-冰醋酸混合溶剂,以结晶紫为指示剂,用标准高氯酸-冰醋酸溶液滴定。

三、主要仪器和试剂

1. 仪器

50mL 酸式滴定管,250mL 锥形瓶。

2. 试剂

(1)$HClO_4$-HAc($0.1mol \cdot L^{-1}$):在 700~800mL 的冰醋酸中缓缓加入 72%(质量比)的高氯酸 8.5mL,摇匀,在室温下缓缓滴加乙酸酐 24mL,边加边摇,加完后再振摇均匀,冷却,加适量的无水冰醋酸,稀释至 1L,摇匀,放置 24h(使乙酸酐与溶液中水充分反应)。

(2)结晶紫指示剂:0.2g 结晶紫溶于 100mL 冰醋酸溶液中。

(3)冰醋酸(AR)。

(4)邻苯二甲酸氢钾(AR)。

(5)乙酸酐(AR)。

(6)醋酸钠试样。

四、实验步骤

1. $HClO_4$-HAc 滴定剂的标定

准确称取 $KHC_8H_4O_4$ 0.15~0.2g 于干燥锥形瓶中，加入冰醋酸 20~25mL 使其溶解，加结晶紫指示剂 1 滴，用 $HClO_4$-HAc（0.1mol·L^{-1}）缓缓滴定至溶液呈稳定蓝色，即为终点，平行测定三份。取相同量的冰醋酸进行空白试验校正。根据 $KHC_8H_4O_4$ 的质量和所消耗的 $HClO_4$-HAc 的体积，计算 $HClO_4$ 溶液的浓度。

2. 醋酸钠含量的测定

准确称取 0.1g 无水醋酸钠试样，置于洁净且干燥的 250mL 锥形瓶中，加入 20mL 醋酐-冰醋酸使之完全溶解，加结晶紫指示剂 1 滴，用 0.1mol·L^{-1} $HClO_4$-HAc 标准溶液滴至溶液由紫色转变为蓝色，即为终点。平行测定三份，并将结果用空白试验校正。根据所消耗的 $HClO_4$-HAc 体积（mL），计算试样中醋酸钠的质量分数。

五、数据记录与处理

将实验数据记入表 3-10 和表 3-11，并计算结果。

表 3-10　　　　　　　**0.1mol·L^{-1} $HClO_4$-HAc 的标定**

编　　　号	1	2	3
$m(KHC_8H_4O_4)/g$			
$V(HClO_4\text{-}HAc)/mL$			
$V(空白)/mL$			
$\bar{V}(空白)/mL$			
$c(HClO_4\text{-}HAc)/mol·L^{-1}$			
$\bar{c}(HClO_4\text{-}HAc)mol·L^{-1}$			
$dr(相对偏差)/\%$			
$\bar{dr}(相对平均偏差)/\%$			

表 3-11   **醋酸钠含量的测定**

编　　　号	1	2	3
$m(\text{NaAc})/\text{g}$			
$V(\text{HClO}_4\text{-HAc})/\text{mL}$			
$\overline{V}(\text{空白})/\text{mL}$			
NaAc/%			
NaAc/%(平均)			
dr(相对偏差)/%			
$\overline{dr}$(相对平均偏差)/%			

六、注意事项

(1)乙酸酐$(\text{CH}_3\text{CO})_2\text{O}$ 是由 2 个醋酸分子脱去 1 分子 H_2O 而成，它与 HClO_4作用发生剧烈反应，反应式为

$$5(\text{CH}_3\text{CO})_2\text{O}+2\text{HClO}_4+5\text{H}_2\text{O}=\!=\!=10\text{CH}_3\text{COOH}+2\text{HClO}_4$$

同时放出大量的热，过热易引起 HClO_4爆炸，因此，配制时不可使高氯酸与乙酸酐直接混合，只能将 HClO_4缓缓滴入到冰醋酸中，再滴加乙酸酐。

(2)非水滴定过程不能带入水，锥形瓶、量筒等容器均要干燥。

七、思考题

1. 什么叫非水滴定？

2. NaAc 在水中的 pH 值与在冰醋酸溶剂中的 pH 值是否一样？为什么？

3. 冰 HAc-HClO$_4$滴定剂中为什么要加入醋酸酐呢？

4. 邻苯二甲酸氢钾常用于标定 NaOH 溶液的浓度，为何在本实验中为标定 HClO$_4$-HAc 的基准物质？

实验 8　α-氨基酸含量的测定（微型非水滴定法）

一、实验目的

（1）掌握非水滴定法的基本原理与特点。
（2）进一步练习非水滴定法的基本操作。

二、实验原理

α-氨基酸的 α 位碳原子上连有氨基和羧基，故为两性物质，但在水溶液里两者离解趋势很小，溶液酸碱性均不明显（如氨基乙酸的羧基电离 H^+ 的 $K_a = 2.5 \times 10^{-10}$，氨基接收 H^+ 的 $K_b = 2.2 \times 10^{-12}$），故在水溶液中无法进行准确的滴定。但在非水介质中有可能被准确滴定。如在冰醋酸体系中，用 $HClO_4$ 的 HAc 溶液作滴定剂，结晶紫作指示剂，可准确滴定 α-氨基酸，反应式如下：

$$R-\overset{\overset{\displaystyle H}{|}}{\underset{\underset{\displaystyle NH_2}{|}}{C}}-COOH + HClO_4 \xrightarrow{\text{冰乙酸}} R-\overset{\overset{\displaystyle H}{|}}{\underset{\underset{\displaystyle NH_3^+ClO_4^-}{|}}{C}}-COOH$$

生成物为呈酸性的 α-氨基酸的高氯酸盐。

结晶紫在强酸性介质中为黄色，$pH = 2$ 左右为蓝色，$pH > 3$ 时为紫色，因而在此强酸滴定弱碱的反应中，一般选由紫色变为稳定的蓝绿色或蓝色为终点，若溶液呈现绿色或黄色则滴定过量，在确定终点时，可用电位计作参比。

若试样难溶于冰醋酸，可加入一定量甲酸作助溶剂，也可加入过量 $HClO_4$-冰醋酸，待样品溶解完全后用 NaAc-冰醋酸返滴过量的 $HClO_4$。

$HClO_4$-冰醋酸滴定剂常用邻苯二甲酸氢钾作基准物质进行标定，反应为

$$\underset{\text{COOH}}{\overset{\text{COOK}}{\bigcirc}} + H_2Ac \cdot ClO_4^- \xrightarrow{\text{HAc}} \underset{\text{COOH}}{\overset{\text{COOH}}{\bigcirc}} + KClO_4 + HAc$$

在标定中 $KClO_4$ 有可能被析出，但不影响标定结果。

本法主要针对 α 氨基酸的氨基进行测定，也可以针对羧基来测定，如在二甲基甲酰胺等碱性溶剂中，以甲醇钾或季胺碱（RNOH）等标准溶液来滴定，指示剂可选百里酚蓝，终点颜色由黄变蓝。

三、主要仪器和试剂

1. 仪器

3.000mL 微型滴定管，50mL 容量瓶，20mL 锥形瓶，干燥小烧杯。

2. 试剂

(1)HClO₄-冰醋酸(0.1mol/L)：在低于 25℃ 的 250mL 冰醋酸中边缓慢搅拌边加入 2mL 原装(70%~72%)HClO₄，混匀后小心加入 4mL 乙酸酐，搅拌均匀，冷至室温，放置过夜使水分与乙酸酐反应完全；

(2)邻苯二甲酸氢钾基准物质：在 105~110℃ 条件下干燥 2h，在干燥器中用广口瓶保存备用；

(3)结晶紫($2g \cdot L^{-1}$)冰醋酸溶液；

(4)冰醋酸(AR)；

(5)乙酸酐(AR)；

(6)甲酸(AR)；

(7)α-氨基酸试样。

四、实验步骤

1. HClO₄ 冰醋酸滴定剂的标定

准确称取 0.5g 左右 KHC₈H₄O₄ 于小烧杯中，加入 30mL 冰醋酸，溶解后定量转移至 50mL 容量瓶内，用冰醋酸稀释至刻度，摇匀。移取 2mL 于锥形瓶内，加 1 滴结晶紫指示剂，用 HClO₄-冰醋酸滴定至紫色转变为蓝绿色，即为终点，平行测定 3~5 份，各次相对偏差应 ≤±0.2%。

2. α-氨基酸含量测定

准确称取 0.2g 试样于小烧杯中，加入 30mL 冰醋酸、2mL 乙酸酐与 4mL 甲酸，搅拌，若溶解度不高则可适量多加甲酸，待试样溶解后定量转移至 50mL 容量瓶中，用冰醋酸稀释至刻度，摇匀。移取 5mL 试液，加 1 滴结晶紫指示剂，用 HClO₄-冰醋酸滴至蓝绿色，即为终点，平行测定三次，计算 α-氨基酸的质量分数。

五、数据记录与处理

参考前面实验。

六、注意事项

(1)冰醋酸中的 pH 值定义与水中相同，但具体数值有区别，指示剂变色范围在 HAc 中与在水中有区别。

(2)乙酸酐可与水反应生成乙酸，脱去试液中的水分。

（3）在非水体系中，甲基紫和结晶紫变化状态相同，可以用甲基紫代替结晶紫作指示剂。

（4）冰醋酸在低于 15℃ 时会凝固结冰，而液态冰醋酸体积受温度影响较大，故本实验适宜在天气较暖的春、秋季或有空调的房间内进行。

（5）α-氨基酸可选乙氨酸（式量 75.07）、丙氨酸（89.09）、谷氨酸（147.13）、异白氨酸（131.13）等易溶于冰醋酸的氨基酸。

（6）在非水滴定中仪器必须干燥，否则会影响测定结果。

七、思考题

1. 氨基乙酸在蒸馏水中以何种状态存在？
2. 乙酸酐的作用是什么？
3. 水与冰醋酸分别对 $HClO_4$，H_2SO_4，HCl 和 HNO_4 是什么溶剂？

实验 9　HCl 和 HAc 混合液的电位滴定

一、实验目的

(1)掌握酸度计的使用方法。
(2)学习利用电位滴定法测定强酸和弱酸混合液。

二、实验原理

电位滴定法是根据滴定过程中，指示电极的电位或 pH 值产生"突跃"，从而确定终点的一种分析方法。

强酸和弱酸混合液的滴定要比单一组分的酸碱滴定复杂，因此采用电位滴定法测定。在滴定过程中，随着滴定剂的不断加入，溶液的 pH 值不断地变化。当 NaOH 标准溶液滴入混合液中时，HCl 首先被滴定，到达第一化学计量点即出现第一个"突跃"，此时产物为 NaCl+HAc。继续用 NaOH 标准溶液滴定，则 HAc 与 NaOH 溶液定量反应，到达第二化学计量点时，形成第二个"突跃"，滴定产物为 NaAc+NaCl，由加入的 NaOH 标准溶液的毫升数(VmL)和测得相应的 pH 值，可绘制 pH ~ V 滴定曲线。以"三切线法"作图，可分别确定 HCl 和 HAc 的化学计量点，从而计算混合液中 HAc 和 HCl 组分的含量。

以滴定体积 V_{NaOH} 为横坐标，相应的溶液的 pH 值为纵坐标，绘制 NaOH 滴定 HCl 和 HAc 混合液的滴定曲线，曲线上呈现出两个滴定突跃，以"三切线法"作图，可以较准确地确定两个突跃范围内各自的滴定终点，即在滴定曲线两端平坦转折处作 AB 及 CD 两条切线，在"突跃部分"作 EF 切线与 AB，CD 两线相交于 Q，P 两点，在 P，Q 两点作 PG，QH 两条线平行于横坐标。然后在此两条线之间作垂直线，在垂直线一半的 J 点处，作 JJ' 线平行于横坐标，J' 点称为拐点，即为滴定终点。此 J' 点投影于 pH 值与 V 坐标上分别得到滴定终点时的 pH 值和滴定剂的体积 V，见图 3-1。

HCl 和 HAc 混合液中[H^+]为多少? 未滴入 NaOH 标准溶液之前应先测量混合液的 pH 值。根据质子条件可计算 pH 值:

$$[H^+]=[OH^-]+[Ac^-]+c_{HCl}$$

由于 HCl 与 HAc 混合溶液呈酸性，[OH^-]可忽略，故

$$[H^+]=[Ac^-]+c_{HCl}=\frac{c_{HAc}K_a}{K_a+[H^+]}+c_{HCl}$$

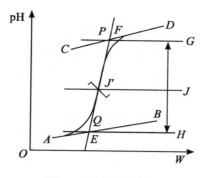

图 3-1 三切线法作图

由此式计算混合液的 pH 值较麻烦,故采用 pH 计测量较为简便、准确。

三、主要仪器和试剂

1. 仪器

pHS-3C 型酸度计,50mL 碱式滴定管,150mL 烧杯,250mL 锥形瓶。

2. 试剂

(1)NaOH 溶液(0.2mol·L^{-1});

(2)HAc(0.02mol·L^{-1})与 HCl(0.2mol·L^{-1})等体积混合液;

(3)酚酞指示剂(2g·L^{-1})乙醇溶液。

四、实验步骤

(1)准确移取 HCl-HAc 试液 25.00mL 于 250mL 锥形瓶中,加入酚酞指示剂 2 滴,用 0.2mol·L^{-1}NaOH 标准溶液滴定至出现微红色,且 30s 内不退色,即为终点。根据所消耗的 NaOH 溶液体积,计算混合液的总酸度。

(2)另准确移取混合液 25.00mL 于 150mL 烧杯中,用 NaOH 标准溶液滴定,开始时,每次滴入 5.00mL,测定相应的 pH 值,两次后,连续 5 次每滴入 2.00mL NaOH 溶液,测定相应的 pH 值。接近第一突跃点之前,每滴入 0.10mL 或 0.20mL NaOH 溶液,测定相应的 pH 值。

(3)加入 1~2 滴酚酞指示剂,同上步骤继续用 NaOH 标准溶液滴定。滴定溶液由无色变为微红色,即为终点,测其 pH 值,每隔 2mL 继续滴定 3~4 滴后即可停止实验。

五、数据记录与处理

0.2mol·L⁻¹NaOH 溶液标定的表格参照表 3-7，将实验数据填入其中，并计算结果。将测定混合液的总酸度和滴定 NaOH 标准溶液过程中 pH 值的数据填入表 3-12 和表 3-13，计算结果。

表 3-12 　　　　　　　　　混合液的总酸度

编　　　号	1	2	3
移取 HCl-HAc 试液/mL			
V_{NaOH}/mL			
混合液的总酸度(H^+)			
混合液的总酸度(H^+)平均值			
相对偏差/%			
相对平均偏差/%			

表 3-13 　　　　　滴定 NaOH 标准溶液过程中的 pH 值

V_{NaOH}/mL	
pH 值	

六、作图及数据处理

（1）在坐标纸上绘制 pH~V_{NaOH}曲线，以 NaOH 标准溶液的滴定毫升数为横坐标，pH 值为纵坐标画图。

（2）第一突跃部分应是 HCl 与 NaOH 完全作用的量，由 pH~V 曲线上，利用"三切线法"可得到 $pHeq_1$，计算求得 HCl 的含量。

（3）第二突跃部分应是 HAc 与 NaOH 完全作用的量，由 pH~V 曲线上，利用"三切线法"求出 $pHeq_2$，并计算 HAc 的含量。

七、思考题

1. 酸度计测量未知溶液的 pH 值前，为什么要用标准缓冲溶液定位？

2. 酸度计测量缓冲溶液 pH 值的原理是什么？

3. $0.02mol \cdot L^{-1}$ HAc 与 $0.2mol \cdot L^{-1}$ HCl 混合液的 pH 值为多少? 实验所得值与理论计算值比较, 相对误差为多少?

4. 滴定至 pH=4.00, 7.00 时, 问各有多少 HAc 参加反应?

实验 10 酸碱滴定设计实验

一、实验目的

(1)使学生在天平称量、酸碱滴定等基本操作训练的基础上,进一步熟悉和巩固有关知识和实验操作技能。

(2)培养学生独立操作、独立分析问题和解决问题的能力。

(3)学习查阅参考文献及书写实验总结报告。

二、实验要求

(1)学生应根据所选定的实验题目,查阅有关的参考资料,并做详细记录。

(2)学生在查阅参考资料的基础上,拟定分析方案,经教师审阅后,进行实验工作,写出实验报告。

三、设计内容

分析方案的设计应包括方法原理,试剂配制,标准溶液的配制和标定,指示剂、所需仪器的选择,取样量的确定,固体试样的溶样方法,具体的分析步骤以及分析结果的计算等。

四、实验方案选题参考

1. 硅酸盐中 SiO_2 含量的测定

硅酸盐试样中 SiO_2 含量的测定,通常都采用费时较长的重量法,也可采用氟硅酸钾滴定法。硅酸盐试样经 KOH 熔融分解后,转化为可溶性硅酸盐。它在强酸介质中与 KF 形成难溶的氟硅酸钾:

$$2K^+ + SiO_3^{2-} + 6F^- + 6H^+ \Longrightarrow K_2SiF_6 \downarrow + 3H_2O$$

沉淀溶解度较大,沉淀时需加入固体 KCl 降低其溶解度。将生成的 K_2SiF_6 沉淀滤出,加入沸水使之水解,所产生的 HF 可用标准碱溶液滴定。反应为

$$K_2SiF_6 + 3H_2O \Longrightarrow 2KF + H_2SiO_3 + 4HF$$

由于生成的 HF 对玻璃有腐蚀作用,因此操作必须在塑料容器中进行。

参考文献:

华东理工大学. 分析化学实验[M]. 上海:华东理工大学出版社,1997:

52-54.

2. 饼干中 $NaHCO_3$，Na_2CO_3 含量的测定

实验原理参见混合碱的测定方法。

参考文献：

黄伟坤. 食品检验与分析[M]. 北京：中国轻工业出版社，1997：592.

3. 矿渣中三氧化二硼的测定

硼酸虽是多元酸，但酸性极弱（$K_a = 5.8 \times 10^{-10}$），不能直接用碱滴定。但硼酸根能与甘油、甘露醇等形成稳定的络合物，从而增加硼酸在水溶液中的解离，使硼酸转变为中强酸。反应式如下：

该络合物的酸性很强，$pK_a = 4.26$，可用 NaOH 标准溶液准确滴定，滴定反应为

此反应是等摩尔进行，化学计量点的 pH 值为 9.2 左右，可选酚酞或百里酚蓝为指示剂。借此进行试样中的三氧化二硼的测定。

硼镁矿中含有一定量的铁，尤其是在制取硼酸后的矿渣中，含有较多的铁干扰三氧化二硼的测定，须在测定前先分离除去，加过氧化氢溶液可使溶液中的 Fe^{2+} 变成 Fe^{3+}，加碳酸钙粉末可使 Fe^{3+} 都转变成为碳酸铁沉淀而析出，通过过滤除去铁杂质。

参考文献：

周兴华. 理化检验[J]. 化学分析，2000，36(10)：473.

第四章　络合滴定实验

实验 11　自来水总硬度的测定(微型滴定法)

一、实验目的

(1)了解水硬度的测定意义和常用硬度的表示方法。

(2)掌握测定水的总硬度的方法和条件。

(3)掌握掩蔽干扰离子的条件及方法。

二、实验原理

水的总硬度是指水中镁盐和钙盐的含量。水硬度的测定分为水的总硬度以及钙-镁硬度两种，前者是测定 Ca、Mg 总量，后者则是分别测定 Ca 和 Mg 的含量。硬度对工业用水影响很大，尤其是锅炉用水，各种工业对水的硬度都有一定的要求。饮用水中硬度过高会影响肠胃的消化功能等。因此硬度是水质分析的重要指标之一。

国内外规定的测定水的总硬度的标准分析方法是在 pH＝10 的氨性缓冲溶液中，以铬黑 T 为指示剂，用 EDTA 标准溶液滴定钙镁总量。用 EDTA 滴定 Ca^{2+}，Mg^{2+} 总量时，一般是在 pH＝10 的氨性缓冲溶液中，以铬黑 T(EBT)为指示剂，计量点前 Ca^{2+} 和 Mg^{2+} 与 EBT 生成紫红色络合物，滴定至计量点时，游离出指示剂，溶液呈现纯蓝色。

滴定时用三乙醇胺掩蔽 Fe^{3+}，Ae^{3+}，Ti^{4+}；以 Na_2S 或巯基乙酸掩蔽 Cu^{2+}，Pb^{2+}，Zn^{2+}，Cd^{2+}，Mn^{2+} 等干扰离子，消除对铬黑 T 指示剂的封闭作用。

为了提高滴定终点的敏锐性，氨性缓冲溶液中可加入一定量的 Mg^{2+}-EDTA。由于 Mg^{2+}-EDTA 的稳定性大于 Ca^{2+}-EDTA，使终点颜色变化明显。

对于水的总硬度，各国表示方法有所不同，我国《生活饮用水卫生标准》

规定，生活饮用水总硬度以 $CaCO_3$ 计，不得超过 450mg·L^{-1}。

三、主要试剂

（1）EDTA 标准溶液（0.01mol/L）：称取 0.2g EDTA 二钠盐，用温热水溶解后，稀释至 50mL，储存于聚乙烯塑料瓶中；

（2）$NH_3^-NH_4Cl$ 缓冲溶液（pH=10）：称取 $1gNH_4Cl$ 溶解于少量水中，加入 5mL 浓氨水，用水稀释至 50mL；

（3）三乙醇胺（200g·L^{-1}）；

（4）铬黑 T（5g·L^{-1}）：称取铬黑 T 0.5g，加入 200g·L^{-1} 三乙醇胺溶液 100mL 以及少许盐酸羟胺；

（5）HCl（6mol·L^{-1}）；

（6）NH_3·H_2O（5mol·L^{-1}）；

（7）锌片（99.99%）；

（8）甲基红指示剂（2g·L^{-1}）乙醇溶液；

（9）Na_2S 溶液（20g·L^{-1}）。

四、实验步骤

1. 0.01mol EDTA 溶液的标定

准确称取锌片 0.1g 于 50mL 烧杯中，加入 2mL 6mol·L^{-1} HCl，盖上表面皿，待完全溶解后，用水吹洗表面皿和烧杯壁，将溶液转入 100mL 容量瓶，用水稀释至刻度，摇匀。

用移液管移取 1.00mL Zn^{2+} 溶液于 25mL 锥形瓶中，加甲基红 1 滴，滴加氨水使溶液呈现微黄色，再加蒸馏水 3mL，氨性缓冲液 1mL，摇匀，加入铬黑 T 指示剂 1 滴（约 0.05mL），用 EDTA 溶液滴定至溶液由紫红色变为蓝紫色即为终点，平行标定 3~7 份，记下消耗 EDTA 溶液的体积（mL），计算 EDTA 溶液的浓度。

2. 水样的分析

打开水龙头，放水数分钟、用已洗干净的试剂瓶承接水样 100mL，盖上瓶盖备用。取水样 5.00mL 至 25mL 锥形瓶中，加三乙醇胺 0.3mL（若水样含有重金属离子，需加入 0.1mL Na_2S 溶液），加入 1mL pH=10 的 NH_3NH4Cl 缓冲溶液及铬黑 T 指示剂一滴（约 0.005mL），用 EDTA 标准溶液滴定至溶液由紫红色变为蓝紫色即为终点。平行测定 3~7 份。计算水的总硬度，以 $CaCO_3$ mg·L^{-1}。

3. 数据记录与处理

将实验数据和计算结果填入表 4-1。

表 4-1

$C_{EDTA}/(mol/L)$	I	II	III
水样体积/mL			
EDTA 标液最后读数/mL			
EDTA 标液最初读数/mL			
EDTA 标液毫升数			
水总硬度/mg/L			
平均值			
相对偏差			

五、注意事项

(1) 氨性缓冲溶液(pH=10)的配制：称取 1g NH_4Cl，加入少量水使其溶解后，加入浓 $NH_3 \cdot H_2O$ 5mL，加入 Mg^{2+}-EDTA 盐的全部溶液，用水稀释至 50mL。

Mg^{2+}-EDTA 盐溶液的配制：称取 0.13g $MgCl_2 \cdot 6H_2O$ 于 50mL 烧杯中，加少量水溶解后转入 50mL 容量瓶中，用水稀释至刻度，用干燥的 25.00mL 移液管移取 25.00mL，加 5mL pH=10 的 NH_3NH_4Cl 缓冲溶液，3~4 滴铬黑 T 指示剂，用 0.1mol/L EDTA 滴定至溶液由紫红色变为蓝紫色，即为终点，取此同量的 EDTA 溶液加入容量瓶剩余的镁溶液中，即成 Mg^{2+}-EDTA 盐溶液。将此溶液全部倾倒至上述缓冲溶液中。此缓冲溶液适用于镁盐含量低的水样。

(2) 水样中 HCO_3^-，H_2CO_3 含量高时，会影响终点变色观察，加入 1 滴 HCl，使水样酸化，加热煮沸去除 CO_2。

(3) 水样中含铁量超过 10mg·L^{-1} 时，用三乙醇胺掩蔽不完全，需用蒸馏水将水样稀释到 Fe^{3+} 含量不超过 10mg·L^{-1}。

六、思考题

1. 络合滴定中加入缓冲溶液的作用是什么？

2. 什么样的水样应加含 Mg^{2+}-EDTA 的氨性缓冲溶液，Mg^{2+}-EDTA 盐的作用是什么？对测定结果有没有影响？

实验 12 复方氢氧化铝药片中铝和镁的测定(微型滴定法)

一、实验目的

(1)掌握返滴定法的应用。
(2)学会沉淀分离的操作方法。

二、实验原理

复方氢氧化铝(胃舒平)是一种中和胃酸的胃药,主要用于胃酸过多及胃和十二指肠溃疡,它的主要成分为氢氧化铝、三硅酸镁及少量颠茄流浸膏,在加工过程中,为了使药片成形,加了大量的糊精。

药片中铝和镁的含量可用 EDTA 络合滴定法测定。先将药片用酸溶解,分离除去不溶于水的物质。然后取试液加入过量 EDTA,调节 pH=4 左右,煮沸数分钟,使铝与 EDTA 充分络合,用返滴定法测定铝。另取试液,调节 pH=8~9,将铝沉淀分离,在 pH=10 的条件下,以铬黑 T 为指示剂,用 EDTA 滴定滤液中的镁。

三、主要试剂

(1)EDTA 溶液($0.01mol \cdot L^{-1}$):配制及标定方法参见实验 11。
(2)锌标准溶液($0.01mol \cdot L^{-1}$):配制方法参见实验 11。
(3)六次甲基四胺($200g \cdot L^{-1}$)水溶液
(4)氨水($8mol \cdot L^{-1}$)
(5)HCl($6mol \cdot L^{-1}$,$3mol \cdot L^{-1}$)
(6)三乙醇胺($30g \cdot L^{-1}$)
(7)NH_3NH_4Cl 缓冲溶液(pH=10):配制方法参见实验 11。
(8)二甲酚橙(XO,$2g \cdot L^{-1}$)水溶液
(9)甲基红($2g \cdot L^{-1}$)溶于 $60g \cdot L^{-1}$ 的乙醇溶液
(10)铬黑 T($5g \cdot L^{-1}$):配制方法参见实验 11。
(11)HNO_3($8mol \cdot L^{-1}$)
(12)NH_4Cl 溶液($20g \cdot L^{-1}$)

四、实验步骤

1. 样品处理

准确称取已粉碎且混合均匀的药片粉 0.2g 于 50mL 烧杯中，用少量水溶解，加入 8mol·L^{-1}HNO$_3$10mL，盖上表面皿加热煮沸 5min，冷却后定量转入 100mL 容量瓶中，用水稀释至刻度，摇匀。

2. 铝的测定

准确移取上述试液 1.00mL 于 25mL 锥形瓶中，准确加入 0.01mol·L^{-1} EDTA 5.00mL，加入二甲酚橙 1 滴，溶液呈现黄色，滴加 8mol·L^{-1}氨水使溶液恰好变成红色，再滴加 3mol·L^{-1}HCl 溶液，使溶液恰呈黄色，在电炉上加热煮沸 3min 左右，冷却至室温。加入六次甲基四胺溶液 2mL，此时溶液应呈黄色，如不呈黄色，可用 3mol·L^{-1}HCl 调节。补加二甲酚橙指示剂 1 滴，用 0.01mol·L^{-1}Zn^{2+}标准溶液滴定至溶液由黄色变为紫红色即为终点。计算药片中 Al(OH)$_3$含量(g/片)及其质量分数。

3. 镁的测定

吸取上述试液 25.00mL，加甲基红 1 滴，滴加 8mol·L^{-1}氨水使溶液出现沉淀，恰好变成黄色，煮沸 5min，趁热过滤，沉淀用 NH$_4$Cl 溶液 30ml 洗涤，收集滤液及洗涤液于已装有少量水的 100mL 容量瓶中，稀释至刻度，摇匀。

取上述试液 5mL 于 25mL 锥形瓶中，加入 30g·L^{-1}三乙醇胺 2mL，氨性缓冲溶液(pH=10)5mL，铬黑 T 1~2 滴，用 0.01mol/L EDTA 滴定至溶液由紫红色变为蓝紫色即为终点。计算每片药片中三硅酸镁的含量(Mg·3SiO$_2$·g/片表示)及其质量分数。

4. 数据记录与处理

将实验数据及计算结果填入表 4-2。

表 4-2

c_{EDTA}/(mol/L) $c_{Zn^{2+}}$/(mol/L)	I	II	III
测铝试样体积/mL			
Zn 标液消耗体积/mL			
测镁试样体积/mL			
EDTA 标液消耗体积/mL			
Al(OH)$_3$含量/(g/片)			
三硅酸镁的含量/(g/片)			
相对偏差			

五、思考题

1. 测定铝离子为什么不采用直接滴定法？
2. 能否采用 F^- 掩蔽 Al^{3+} 离子，而直接测定 Mg^{2+}？
3. 在测定镁离子时，加入三乙醇胺的作用是什么？

实验 13　铝合金中铝含量的测定(微型滴定法)

一、实验目的

(1)了解返滴定,掌握置换滴定原理。
(2)学会铝合金的溶样方法,提高分析问题、解决问题的能力。

二、实验原理

铝合金中含有:Si,Mg,Cu,Mn,Fe,Zn,个别还含有 Ti,Ni,Gi 等,返滴定测定铝含量时,所有能与 EDTA 形成稳定络合物的离子都产生干扰,缺乏选择性。对于复杂物质中的铝,一般都采用置换滴定法。

先调节溶液 pH 值为 3~4,加入过量 EDTA 标准溶液,煮沸,使 Al^{3+} 与 EDTA 络合,冷却后,再调节溶液的 pH 值为 5~6,以二甲酚橙为指示剂,用 Zn^{2+} 盐标准溶液滴定过量的 EDTA(不计体积)。然后,加入过量 NH_4F,加热至沸,使 AlY^- 与 F^- 之间发生置换反应,并释放出与 Al^{3+} 等摩尔的 EDTA:

$$AlY^- + 6F^- + 2H^2 + = AlF_6^{3-} + H_2Y^{2-}$$

释放出来的 EDTA,再用 Zn^{2+} 盐标准溶液滴定至紫红色,即为终点。铝合金中杂质元素较多,通常可用 NaOH 分解法或 HNO_3-HCl 混合溶液进行溶样。

三、主要试剂

(1)EDTA 溶液(0.02mol · L^{-1})
(2)二甲酚橙(XO,2g · L^{-1})水溶液
(3)NaOH 溶液(200g · L^{-1},贮于塑料瓶中)
(4)HCl(6mol · L^{-1},3mol · L^{-1})
(5)NH_3 · H_2O(1+1)
(6)六次甲基四胺溶液(200g · L^{-1})
(7)Zn^{2+}(0.01mol · L^{-1}):配制方法参见实验 11。
(8)NH_4F 溶液(200g · L^{-1},贮于塑料瓶中)
(9)铝合金试样

四、实验步骤

1. 样品的预处理

准确称取 0.1g 左右铝合金于 100mL 塑料烧杯中，加入 10mL NaOH 溶液，在水浴中加热溶解，待样品大部分溶解(有少许黑渣为碱不溶物)，加入 6mol·L⁻¹HCl 20mL，少许黑渣溶解后，将上述溶液定量转至 100mL 容量瓶中，稀释至刻度，摇匀。

2. 铝合金中铝含量的测定

移取铝合金试液 2.00mL 于 25mL 锥形瓶中，加入 0.02mol·L⁻¹EDTA 溶液 3mL，此时溶液呈黄色，滴加(1+1)氨水调至溶液恰好出现红色(pH=7~8)，再滴加 6mol·L⁻¹HCl 至试液呈黄色，如不呈黄色，可用 3mol·L⁻¹HCl 来调节。用 0.01mol·L⁻¹锌标准溶液滴定至溶液由黄色变为紫红色(不计滴定的体积)，加入 20%NH₄F 溶液 1mL，将溶液加热至微沸，流水冷却。再补加二甲酚橙指示剂 1 滴，用 3mol·L⁻¹HCl 调节溶液呈黄色后，再用 0.01mol·L⁻¹锌标准溶液滴定至溶液由黄色变为红色，即为终点。根据消耗的锌盐溶液体积，计算 Al 的质量分数。

3. 数据记录与处理

$$\omega(\text{Al}) = \frac{100(cV)_{\text{Zn}}M_{\text{Al}}}{2.0 m_{\text{Al}}} \times 100\%$$

表 4-3

$c_{\text{Zn}^{2+}}$/(mol/L)	I	II	III
铝合金的质量/g			
Zn 标液消耗体积/mL			
铝的质量分数			
铝的平均质量分数/%			
相对偏差			

五、思考题

1. 用锌标准溶液滴定多余的 EDTA，为什么不计滴定体积？能否不用锌标准溶液，而用没有准确浓度的 Zn²⁺溶液滴定？

2. 实验中使用的 EDTA 需不需要标定？

3. 能否采用 EDTA 直接滴定方法测定铝？

实验 14 铅合金中铋、铅含量的分析

一、实验目的

（1）掌握合金的溶样方法。

（2）了解由调节酸度提高 EDTA 选择性的原理，学会控制不同的酸度对不同离子进行连续测定。

二、实验原理

铋铅合金的主要成分有铋、铅和少量的锡，测定合金中的铋、铅含量时，用 HNO_3 溶解试样，这时锡呈现 H_2SnO_2 沉淀，将 H_2SnO_2 过滤除去，滤液用作铋、铅的测定。Bi^{3+}，Pb^{2+} 均能与 EDTA 形成稳定的配合物，lgK 值分别为 27.93 和 18.04，BiY 和 PbY 两者稳定常数相差很大，所以可以利用酸效应，控制不同的酸度，用 EDTA 分别测定 Bi^{3+}，Pb^{2+} 的含量，通常在 pH＝1 时测定 Bi^{3+}，测定 Bi^{3+} 后，加入六次甲基四胺溶液，调节试液 pH≈5~6，再测定 Pb^{2+}。

三、主要试剂

（1）EDTA（0.01mol·L^{-1}）：称取 2g EDTA 钠盐于 250mL 的烧杯中，加水加热溶解后稀释至 500mL，储于聚乙烯塑料瓶中，并稀释至 500mL。

（2）锌标准溶液（0.01mol·L^{-1}）：准确称取基准锌 0.17g 于 100mL 烧杯中，加入 6mol·L^{-1}HCl 5mL，立即盖上表面皿，待锌完全溶解后，以少量水冲洗表面皿及烧杯壁，将溶液转入 250mL 容量瓶中，用水稀释至刻度，摇匀。

（3）HCl（6mol·L^{-1}）

（4）HNO_3（0.1mol·L^{-1}，5mol·L^{-1}）

（5）六次甲基四胺溶液（200mol·L^{-1}）

（6）二甲酚橙指示剂（2g·L^{-1}）水溶液

四、实验步骤

1. EDTA 的标定

平行移取 25.00mL 0.01mol·L^{-1}Zn^{2+}标准溶液三份分别置于 250mL 锥形瓶中，加入 2 滴二甲酚橙指示剂，滴加六次甲基四胺至溶液呈现稳定的紫红色

后，再过量 5mL，用 $0.01mol \cdot L^{-1}$ EDTA 滴定至溶液由紫红色变为亮黄色即为终点。根据滴定用去 EDTA 体积和金属锌的质量，计算 EDTA 的摩尔浓度。

2. 合金试样中 Pb，Bi 的连续测定

对含 Bi(约 50%)和 Pb(40%)的合金，准确称取 1.2g 合金试样于 250mL 烧杯中，加入 $5mol \cdot L^{-1}$ HNO_3 20mL，盖上表面皿，微沸溶解后，用水吹洗表皿及烧杯壁。然后，过滤(在漏斗中含滤纸浆)于 250mL 容量瓶中，用 $0.1mol \cdot L^{-1}$ HNO_3 洗涤 6~8 次后，用 $0.1mol \cdot L^{-1}$ HNO_3 稀释至刻度摇匀作为试液。

准确移取上述试液 25.00mL 于 250mL 锥形瓶中，加入 1~2 滴二甲酚橙指示剂，此时试液为紫红色。用 EDTA 标准溶液滴定至由紫红色变为亮黄色即为 Bi^{3+} 的终点，根据消耗 EDTA 的毫升数，计算试液中 Bi^{3+} 的质量分数。

在滴定 Bi^{3+} 后的溶液中，滴加六次甲基四胺溶液，使试液呈现稳定的紫红色，再过量 5mL，用 EDTA 标准溶液滴定至紫红色转为亮黄色即为 Pb^{2+} 的终点，根据消耗 EDTA 的体积，计算 Pb^{2+} 的质量分数。

3. 数据记录与处理

将实验数据填入表 4-4。

表 4-4 **实验数据**

EDTA 标准溶液浓度/(mol/L)			
混合液体积/mL	25.00	25.00	25.00
第一终点读数/mL			
第二终点读数/mL			
V_1/mL			
V_2/mL			
平均 V_1/mL			
平均 V_2/mL			
c_{Bi}/(mol/L)			
c_{Pb}/(mol/L)			
相对偏差			

五、注意事项

因铋铅合金中铋、铅是用 HNO$_3$溶解，0.1mo·L^{-1}HNO$_3$稀释，测定铋时不必再加 0.1mol·L^{-1}HNO$_3$。

六、思考题

1. 用锌标定 EDTA 时，可选用哪几种指示剂？所用缓冲溶液有哪几种？本实验中用锌标定 EDTA 时加入六次甲基四胺溶液的作用是什么？

2. 测定 Pb^{2+}能否用 HAc-NaAc(pH=5)作缓冲溶液？为什么？

实验 15　镀铜锡镍合金溶液中铜、锡、镍的连续测定

一、实验目的

掌握置换滴定法的原理及方法。

二、实验原理

铜、锡、镍都能与 EDTA 生成稳定的络合物，它们的 lg$K$ 值分别为：18.80，22.11，18.62。向溶液中先加入过量的 EDTA，加热煮沸 2~3min，使 Cu，Sn，Ni 与 EDTA 完全络合。然后加入硫脲使与 Cu 络合的 EDTA 全部释放出来(其中包括过量的 EDTA)，此时 Sn^{2+}，Ni^{2+} 与 EDTA 的络合物不受影响。再用六次甲基四胺溶液调节 pH=5~6，以 XO 为指示剂，以锌标准溶液滴定全部释放出来的 EDTA，此时滴定用去锌标准溶液的体积为 V_1。然后加入NH_4F 使与锡络合的 EDTA 释放出来，再用锌标准溶液滴定 EDTA，此时，消耗锌标准溶液的体积为 V_2。

另取一份试剂，不加任何掩蔽剂和解蔽剂，调节试液 pH≈5~6，以 XO 为指示剂，用锌标准溶液滴定过量的 EDTA，用差减法求出 Cu，Ni 的含量。

三、主要试剂

(1) EDTA(0.02mol·L^{-1})：配制及标定参见实验 14。

(2) 锌标准溶液(0.01mol·L^{-1})：配制参见实验 14。

(3) 六次甲基四胺溶液(200g·L^{-1})

(4) NH_4F 溶液(200g·L^{-1})

(5) 二甲酚橙溶液(2g·L^{-1})

(6) HCl(2mol·L^{-1})

(7) 硫脲(饱和溶液)

(8) KCl(固体)

四、实验步骤

用移液管移取 10.00mL 合金试液于 100mL 容量瓶中，加水稀释至刻度，摇匀。准确移取上述试液 5.00mL 2 份，分别置于 250mL 锥形瓶中，加入固体 KCl 0.5g 左右，2mol·L^{-1}HCl 10mL，加热煮沸 2~3min，趁热加入 0.02mol·

L^{-1}EDTA 标准溶液 20mL，加热至沸，保温 2~3min，流水冷却至室温。

一份试液中滴加饱和硫脲溶液至蓝色褪尽，再过量 5~10mL，加入水 20mL，六次甲基四胺 20mL，二甲酚橙指示剂 2~3 滴，用 $0.01mol\cdot L^{-1}$锌标准溶液滴至溶液由黄色变为红色，即为终点，记下消耗锌标准溶液的毫升数 V_1。继续加 NH_4F 溶液 10mL，摇匀，放置片刻，试液又变为黄色。继续用锌标准溶液滴定至溶液由黄色变为红色，即为终点，记下消耗锌标准溶液的毫升数 V_2(不包括 V_1)。

另取一份试液，加入水 20mL 及六次甲基四胺 20mL，二甲酚橙 2~3 滴，用 $0.01mol\cdot L^{-1}$锌标准溶液滴定至溶液由草绿色变为蓝紫色即为终点，记下消耗的锌标准溶液的毫升数 V_3。

五、数据记录与处理

将实验数据填入表 4-5。

表 4-5 实验数据

$c_{EDTA}/(mol/L)$	
$c_{Zn^{2+}}/(mol/L)$	
V_1/mL	
V_2/mL	
V_3/mL	
$Cu^{2+}/(g\cdot L^{-1})$	
$Sn^{4+}/(g\cdot L^{-1})$	
$Ni^{2+}/(g\cdot L^{-1})$	
相对偏差	

六、计算公式

$$Cu^{2+}(g\cdot L^{-1})=\frac{c(V_1-V_3)Zn^{2+}\times63.55}{\frac{10}{100}\times5.00}$$

$$Sn^{4+}(g\cdot L^{-1})=\frac{cV_2\times118.71}{\frac{10}{100}\times5.00}$$

$$Ni^{2+}(g \cdot L^{-1}) = \frac{[cV_{EDTA} - c(V_1 + V_2)Zn^{2+}] \times 58.69}{\dfrac{10}{100} \times 5.00}$$

七、思考题

1. 本实验中测定金属离子，采用了哪几种滴定方法？

2. 加入硫脲的作用是什么？掩蔽 Cu^{2+} 的条件是什么？

3. NH_4F 的作用是什么？加入 NH_4F 后溶液颜色为什么由红色变为黄色？

实验 16 钙制剂中钙含量的测定(微型滴定法)

一、实验目的

(1)学会钙制剂的溶样方法。
(2)掌握钙离子的测定方法。

二、实验原理

钙与身体健康息息相关,钙除成骨以支撑身体外,还参与人体的代谢活动,它是细胞的主要阳离子,还是人体最活跃的元素之一,缺钙可导致儿童佝偻病、青少年发育迟缓、孕妇高血压、老年人的骨质疏松症。缺钙还可引起神经病、糖尿病、外伤流血不止等多种过敏性疾病。补钙越来越被人们所重视,因此,许多钙制剂相应而生。对钙制剂中钙的含量,可采用 EDTA 法进行直接测定。

钙制剂一般用酸溶解并加入少量三乙醇胺,以消除 Fe^{3+} 等干扰离子,调节 $pH \approx 12 \sim 13$,以铬蓝黑 R 作指示剂,指示剂与钙生成红色的络合物,当用 EDTA 滴定至计量点时,游离出指示剂,溶液呈现蓝色。

三、主要试剂

(1)EDTA($0.01mol \cdot L^{-1}$):配制方法见实验 14。
(2)$CaCO_3$标准溶液($0.01mol \cdot L^{-1}$):准确称取基准物质 $CaCO_3$ 0.1g 左右,先以少量水润湿,再逐滴小心加入 $6mol \cdot L^{-1}$ HCl,至 $CaCO_3$ 完全溶解,定量转入 100mL 容量瓶中,以水稀释至刻度,并计算其浓度。
(3)NaOH($5mol \cdot L^{-1}$)
(4)HCl($6mol \cdot L^{-1}$)
(5)三乙醇胺($200g \cdot L^{-1}$)
(6)铬蓝黑 R($5g \cdot L^{-1}$)乙醇溶液

四、实验步骤

1. EDTA 溶液浓度的标定

准确移取 2.00mL $CaCO_3$ 标准溶液 3 份分别于 25mL 锥形瓶中,加入 0.2mL NaOH 溶液,铬蓝黑 R 指示剂 2~3 滴,用 EDTA 溶液滴定至溶液由红色变为蓝色即为终点，根据滴定用去 EDTA 毫升数和 CaCO$_3$ 标准溶液的浓度，计算 EDTA 溶液的浓度。

2. 钙制剂钙含量的测定

准确称取钙制剂(视含量多少而定，本实验以葡萄糖酸钙为例)0.25g 左右，加 6mol·L^{-1}HCl 2mL，加热溶解完全后，定量转移到 50mL 容量瓶中，用水稀释至刻度，摇匀。

准确移取上述试液 25.00mL，加入三乙醇胺溶液 1mL，5mol·L^{-1} NaOH 1mL，加入水 2mL，摇匀，加铬蓝黑 R 3~4 滴，用 0.01mol·L^{-1}EDTA 标准溶液滴定至溶液由红色变为蓝色即为终点，根据消耗 EDTA 的体积，计算出钙的质量分数及每片中钙的含量(g/片)。

五、数据记录与处理

将实验数据填入表 4-6。

表 4-6 实验数据

c_{EDTA}/mol/L	I	II	III
钙制剂的质量/g			
EDTA 标液消耗体积/mL			
钙的质量分数			
每片中钙的含量/g/片			
相对偏差			

六、注意事项

钙制剂视钙含量多少而确定称量范围。有色有机钙因颜色干扰无法辨别终点，应先进行消化处理。牛奶、钙奶均为乳白色，终点颜色变化不太明显，接近终点时再补加 2~3 滴指示剂。

七、思考题

1. 试述铬蓝黑 R 的变色原理。

2. 计算钙制剂含量为 40%，10% 左右的称量范围。

3. 拟定牛奶和钙奶等液体钙制剂测定方法。

实验 17　保险丝中铅含量的测定

一、实验目的

（1）掌握保险丝的溶样方法。
（2）进一步巩固掩蔽剂在络合滴定中的应用。

二、实验原理

一般的保险丝主要成分为铅及少量的 Cu，Sb 等元素。用酸溶解后，在络合滴定中都能与 EDTA 形成络合物，我们在酸性溶液中采用硫脲掩盖 Cu，NH_4F掩蔽 Sb，六次甲基四胺调节试液 pH = 5 ~ 6，二甲酚橙为指示剂，用 EDTA 滴定可测定出铅的含量。

三、主要试剂

（1）EDTA（0.01mol·L^{-1}）：配制及标定方法参见实验 14。
（2）锌标准溶液（0.01mol·L^{-1}）配制方法参见实验 14。
（3）HNO_3（5mol·L^{-1}）
（4）二甲酚橙（5g·L^{-1}）
（5）六次甲基四胺（200·L^{-1}）
（6）NH_4F（固体）
（7）硫脲（固体）

四、实验步骤

称取保险丝试样 0.5g，加 5mol·L^{-1} HNO_3 20mL，加热微沸至溶解完全，冷却至室温，定量转入 250mL 容量瓶中，用水稀释至刻度，摇匀。

移取上述试液 25.00mL 于 250mL 锥形瓶中，加水 20mL，NH_4F 1g，硫脲1g，加热至 60 ~ 70℃，保温 2min，冷却至室温，加入二甲酚橙 2 ~ 3 滴，滴加六次甲基四胺溶液，使溶液呈现稳定的紫红色，再过量 5mL，用 0.01mol·L^{-1} EDTA 标准溶液滴定至溶液由红色变为亮黄色即为终点，根据消耗 EDTA 的毫升数计算保险丝中铅的质量分数。

五、数据记录与处理

将实验数据计算结果填入表 4-7。

表 4-7

c_{EDTA}/mol/L 保险丝的质量/g	I	II	III
保险丝试样溶液体积/mL			
EDTA 标液消耗体积/mL			
保险丝中铅的质量分数			
相对偏差			

六、思考题

1. 试述二甲酚橙变色原理。

2. 溶解保险丝时能否用 HCl 和 H_2SO_4 溶解，为什么?

实验 18　络合滴定设计实验

在络合滴定中，能否控制酸度进行滴定是首先要考虑的问题；其次，掩蔽剂的选择和应用是络合滴定成功的关键，而掩蔽方法，有络合，氧化还原，沉淀和动力学等方法，指示剂的选择是非常重要的，要特别注意金属离子指示剂的酸碱性质和络合性质所造成的滴定误差。

1. 炉甘石中 $ZnCO_3$，ZnO，$PbCO_3$，Fe_2O_3 及（$CaCO_3$+$MgCO_3$）含量测定

参考文献：

雷启建，杨天市. 炉甘石中 $ZnCO_3$，ZnO，$PbCO_3$，Fe_2O_3，（$CaCO_3$ + $MgCO_3$）含量测定的研究［J］. 冶金分析. 1998，18（4）：12-19

2. 合金中铅、镍、镧的连续测定

参考文献：

李方，李艳庭. 合金中铝，镍，镧的连续测定［J］. 冶金分析. 1998，18（6）：43-45

3. 酸雨中硫酸根的测定（EDTA 法）

参考文献：

刘汉初，倪桃英. 溶量法测定酸雨中硫酸根［J］. 理化检验——化学分册. 1994，30（3）：21-22

4. 铁、铝混合液中各组分的连续测定

在 pH＝1~2 酸度下，用二苯胺磺酸钠作指示剂，滴定铁后，用六次甲基四胺将溶液调至 pH＝5~6，加过量的 EDTA，煮沸后，用 Zn^{2+} 标准溶液返滴定。

参考文献：

徐勉懿，方国春，潘祖亭，等. 无机及分析化学实验［M］. 武汉：武汉大学出版社，1991

5. Mg^{2+}EDTA 混合液中各组分的测定

定性检查：

在 pH＝10 溶液中，以 EBT 为指示剂，检查 Mg^{2+} 过量还是 EDTA 量。

（1）若 Mg^{2+} 过量，移取一份试液用 EDTA 滴定过量的 Mg^{2+}，另取一份试液调至 pH＝5~6，用 XO 作指示剂，用 Zn^{2+} 标准溶液滴定 EDTA 总量。

（2）若 EDTA 过量，移取一份试液调至 pH＝5~6，用 XO 作指示剂，用 Zn^{2+} 标准溶液确定 EDTA 总量。另取一份试液，加 pH＝10 氨性缓冲溶液，用

EBT 作指示剂, 用 Zn^{2+} 标准溶液滴定过量的 EDTA。

6. Bi^{3+}-Fe^{3+} 混合液中 Bi^{3+} 和 Fe^{3+} 含量的测定

EDTA 和这两种离子所形成的络合物的稳定程度相当, 不能用控制酸度的方法对它们分别进行测定。可以考虑对 Fe^{3+} 用适当的还原剂掩蔽, 这样就可以测定 Bi^{3+} 的含量了。

第五章　氧化还原滴定实验

实验 19　过氧化氢含量的测定

一、实验目的

(1)掌握高锰酸钾溶液的配制与标定方法。
(2)学习高锰酸钾法测定过氧化氢的原理和方法。

二、实验原理

市售 $KMnO_4$ 试剂中常含有少量 MnO_2 和其他杂质，如硫酸盐、氯化物及硝酸盐等。同时，$KMnO_4$ 氧化性强，易和存在于蒸馏水中的微量有机物等作用，析出 $MnO_2 \cdot nH_2O$ 沉淀，而二氧化锰能促进 $KMnO_4$ 自身分解，见光分解更快。因此，$KMnO_4$ 溶液的浓度容易改变，不能用直接法配制准确浓度的 $KMnO_4$ 标准溶液。

$KMnO_4$ 标准溶液的准确浓度可用 As_2O_3、纯铁丝或 $Na_2C_2O_4$ 等基准物质标定。其中，$Na_2C_2O_4$ 不含结晶水，性质稳定，易纯制，是标定 $KMnO_4$ 溶液最常用的一种基准物质，滴定反应式为

$$2MnO_4^- + 5C_2O_4^{2-} + 16H^+ = 2Mn^{2+} + 10O_2 \uparrow + 8H_2O$$

滴定时利用 MnO_4^- 本身的紫红色指示滴定终点。

在稀硫酸溶液中，H_2O_2 在室温下能定量、迅速地被高锰酸钾氧化，因此，可用高锰酸钾法测定其含量，有关反应式为

$$2MnO_4^- + 5H_2O_2 + 6H^+ = 2Mn^{2+} + 5O_2 \uparrow + 8H_2O$$

该反应在开始时比较缓慢，滴入的第一滴 $KMnO_4$ 溶液不容易退色，待生成少量 Mn^{2+} 后，由于 Mn^{2+} 的催化作用，反应速度逐渐加快。化学计量点后，稍微过量的 $KMnO_4$(约 $10^{-6}mol \cdot L^{-1}$)使溶液呈现微红色指示终点的到达。根据

$KMnO_4$ 标准溶液的浓度和滴定所消耗的体积，可算出试样中 H_2O_2 的含量。

若 H_2O_2 试样中含有乙酰苯胺等稳定剂，则不宜用 $KMnO_4$ 法测定，因为此类稳定剂也消耗 $KMnO_4$。这时可采用碘量法测定，利用 H_2O_2 与 KI 作用析出 I_2，然后用标准硫代硫酸钠溶液滴定生成的 I_2。

三、主要试剂

（1）$Na_2C_2O_4$ 基准试剂：在 105~115℃ 下烘干 2h 备用。

（2）H_2SO_4 溶液（3mol·L^{-1}）。

（3）$KMnO_4$ 溶液（0.02mol·L^{-1}）。

（4）H_2O_2 溶液（3%）：市售 30% H_2O_2 稀释 10 倍而成，贮存在棕色试剂瓶中。

四、实验步骤

1. $KMnO_4$ 溶液的配制

在台秤上称取 $KMnO_4$ 固体约 1.6g，置于 1000mL 烧杯中，加 500mL 蒸馏水使其溶解，盖上表面皿，加热至沸并保持微沸状态约 1h，中途间或补加一定量的蒸馏水，以保持溶液体积基本不变。冷却后将溶液转移至棕色瓶内，在暗处放置 2~3 天，然后用微孔玻璃漏斗（3 号或 4 号）过滤除去 MnO_2 等杂质，滤液贮存于棕色试剂瓶内备用。另外，也可将 $KMnO_4$ 固体溶于煮沸过的蒸馏水中，让该溶液在暗处放置 6~10 天，用微孔玻璃漏斗过滤备用。有时也可不经过滤而直接取上层清液进行实验。所得 $KMnO_4$ 溶液的浓度约为 0.02mol·L^{-1}。

2. $KMnO_4$ 溶液的标定

准确称取 0.14~0.18g $Na_2C_2O_4$ 基准物质三份，分别置于 250mL 锥形瓶中，向其中加入约 30mL 蒸馏水使之溶解，再加入 10mL 3mol·L^{-1} H_2SO_4，然后将锥形瓶置于水浴上加热至 75~85℃（刚好冒蒸汽），趁热用 $KMnO_4$ 溶液滴定，开始滴定时滴加速度应稍慢一些，待溶液中产生了较多 Mn^{2+} 后，滴定速度可适当加快，直至滴到溶液呈微红色并保持 30s 不退色即为终点。根据滴定消耗的 $KMnO_4$ 溶液的体积和 $Na_2C_2O_4$ 的量，计算 $KMnO_4$ 溶液的浓度（$KMnO_4$ 标准溶液久置后需重新标定）。

3. H_2O_2 含量的测定

用移液管移取 10.00mL H_2O_2 试样于 250mL 容量瓶中，加水稀释至刻度，摇匀。移取 25.00mL 该稀溶液三份，分别置于 250mL 锥形瓶中，加 10mL

$3mol \cdot L^{-1}H_2SO_4$，然后用 $KMnO_4$ 标准溶液滴至溶液呈微红色并在 30s 内不消失，即为终点。根据 $KMnO_4$ 标准溶液的浓度和滴定消耗的体积计算 H_2O_2 试样的浓度。

4. $KMnO_4$ 溶液的标定(微型滴定法)

准确称取 0.6~0.8g $Na_2C_2O_4$ 基准物质于小烧杯中，加少量蒸馏水将其溶解后，定量转移至 100mL 容量瓶中，加水稀释至刻度，摇匀。移取 2.00mL 该溶液于 20mL 锥形瓶中，加入 1mL $3mol \cdot L^{-1}H_2SO_4$ 溶液，在水浴上加热至 75~85℃，趁热用 KMO_4 溶液滴定至溶液呈现微红色并持续 30s 不退色为止。平行滴定 3~5 份，根据消耗的 $KMnO_4$ 溶液的体积计算其浓度。

5. H_2O_2 含量的测定(微型滴定法)

移取 2.00mL H_2O_2 试样于 50mL 容量瓶中，加水至刻度，摇匀。移取此溶液 2.00mL 于 20mL 锥形瓶中，加 1mL $3mol \cdot L^{-1}H_2SO_4$，1mL 蒸馏水，然后用 $KMnO_4$ 标准溶液滴定至溶液呈微红色，并在 30s 内不消失为止。平行滴定 3~5 份，根据 $KMnO_4$ 溶液的浓度和滴定所消耗的体积计算 H_2O_2 试样的含量($mol \cdot L^{-1}$ 或 $mg \cdot mL^{-1}$)。

五、数据记录与处理

将实验数据及计算结果填入表 5-1 和表 5-2。

表 5-1　　　　　　　　　　　**$KMnO_4$ 标准溶液的标定**

序号	$m_{Na_2C_2O_4}$/g	V_{KMnO_4}/mL	c_{KMnO_4}/(mol · L^{-1})	$\bar{c}_{KMnO_4}$/(mol · L^{-1})	d_r/%
1					
2					
3					

表 5-2　　　　　　　　　　　**H_2O_2 含量的测定**

序号	V_{KMnO_4}/mL	$\rho_{H_2O_2}$/(mg · mL^{-1})	$\bar{\rho}_{H_2O_2}$/(mg · mL^{-1})	d_r/%
1				
2				
3				

六、思考题

1. 配制 $KMnO_4$ 溶液应注意些什么？用基准物质 $Na_2C_2O_4$ 标定 $KMnO_4$ 时，应在什么条件下进行？

2. 用 $KMnO_4$ 法测定 H_2O_2 含量时，能否用 HNO_3、HCl 或 HAc 来调节溶液酸度？为什么？

3. 用 $KMnO_4$ 法测定 H_2O_2 含量时，能否在加热条件下滴定？为什么？

实验 20　石灰石中钙含量的测定

一、实验目的

1. 掌握用高锰酸钾法测定钙的原理和方法。
2. 了解沉淀分离的基本要求与操作。

二、实验原理

石灰石的主要成分是 $CaCO_3$（含钙量约为 40%），此外还含有一定量的 $MgCO_3$、SiO_2、Fe_2O_3 和 Al_2O_3 等杂质。用高锰酸钾法测定石灰石中的钙，先要将石灰石溶解并使其中的钙以 CaC_2O_4 的形式沉淀下来。沉淀经过滤洗净后，再用稀硫酸溶液将其溶解，然后用 $KMnO_4$ 标准溶液滴定释放出来的 $H_2C_2O_4$。根据消耗的 $KMnO_4$ 溶液的量，计算钙的含量。有关反应如下：

$$CaCO_3 + 2H^+ \!=\!=\!= Ca^{2+} + CO_2 \uparrow + H_2O$$

$$Ca^{2+} + C_2O_4{}^{2-} \!=\!=\!= CaC_2O_4 \downarrow$$

$$CaC_2O_4 + 2H^+ \!=\!=\!= H_2C_2O_4 + Ca^{2+}$$

$$5H_2C_2O_2 + 2MnO_4{}^- + 6H^+ \!=\!=\!= 2Mn^{2+} + 10CO_2 \uparrow + 8H_2O$$

除碱金属离子外，多种金属离子干扰测定。因此，当有较大量的干扰离子存在时，应预先对其进行分离或将其掩蔽。

三、主要试剂

（1）$KMnO_4$ 标准溶液（$0.02\text{mol} \cdot \text{L}^{-1}$）。
（2）$(NH_4)_2C_2O_4$ 溶液（$0.05\text{mol} \cdot \text{L}^{-1}$）。
（3）$NH_3 \cdot H_2O$（$7\text{mol} \cdot \text{L}^{-1}$ 或 1+1）。
（4）HCl 溶液（$6\text{mol} \cdot \text{L}^{-1}$ 或 1+1）。
（5）H_2SO_4 溶液（$1\text{mol} \cdot \text{L}^{-1}$）。
（6）甲基橙水溶液（$1\text{g} \cdot \text{L}^{-1}$）。
（7）$AgNO_3$ 溶液（$0.1\text{mol} \cdot \text{L}^{-1}$）。
（8）石灰石试样。

四、实验步骤

准确称取约 0.15g 研细并烘干的石灰石试样两份，分别置于 250mL 烧杯

107

中，加入适量蒸馏水，盖上表面皿(稍留缝隙)，缓慢滴加 10mL HCl 溶液，并轻轻摇动烧杯，待不产生气泡后，用小火加热至微沸。稍冷后向溶液中加入 2~3 滴甲基橙，再滴加 NH_3 水至溶液由红色变为黄色，趁热逐滴加入约 50mL $(NH_4)_2C_2O_4$ 溶液，在低温电热板(或水浴)上陈化 30min。冷却后过滤(先将上层清液倾入漏斗中)，将烧杯中的沉淀洗涤数次后转入漏斗中，继续洗涤沉淀至无 Cl^-(承接洗液在 HNO_3 介质中以 $AgNO_3$ 检查)，将带有沉淀的滤纸铺在原烧杯的内壁上，用 50mL $1mol \cdot L^{-1} H_2SO_4$ 将沉淀由滤纸上洗入烧杯中，再用洗瓶洗 2 次，加入蒸馏水使总体积约为 100mL，加热至 70~80℃，用 $KMnO_4$ 标准溶液滴定至溶液呈淡红色，再将滤纸搅入溶液中，若溶液退色，则继续滴定，直至出现的淡红色 30s 内不消失即为终点。计算石灰石中钙的质量分数。

五、数据记录与处理

将实验数据及计算结果填入表 5-3。

表 5-3

序号	m_s/g	V_{KMnO_4}/mL	ω_{CaCO_3}	$\overline{\omega}_{CaCO_3}$	$d_r/\%$
1					
2					

六、思考题

1. 以 $(NH_4)_2C_2O_4$ 沉淀钙时，pH 值应控制为多少？为什么？
2. 加入 $(NH_4)_2C_2O_4$ 时，为什么要在热溶液中逐滴加入？
3. 洗涤 CaC_2O_4 沉淀时，为什么要洗至无 Cl^-？
4. 试比较 $KMnO_4$ 法测定 Ca^{2+} 和络合滴定法测定 Ca^{2+} 的优缺点。

实验 21　水样中化学耗氧量的测定

一、实验目的

（1）掌握酸性高锰酸钾法和重铬酸钾法测定化学耗氧量的原理及方法。
（2）了解测定水样化学耗氧量的意义。

二、实验原理

水样的耗氧量是水质污染程度的主要指标之一，它分为生物耗氧量（简称 BOD）和化学耗氧量（简称 COD）两种。BOD 是指水中有机物质发生生物过程所需氧的量；COD 是指在特定条件下，用强氧化剂处理水样时，水样所消耗的氧化剂的量，常用每升水消耗 O_2 的量来表示。水样中的化学耗氧量与测试条件有关，因此应严格控制反应条件，按规定的操作步骤进行测定。

测定化学耗氧量的方法有重铬酸钾法、酸性高锰酸钾法和碱性高锰酸钾法。重铬酸钾法是指在强酸性条件下，向水样中加入过量的 $K_2Cr_2O_7$，让其与水样中的还原性物质充分反应，剩余的 $K_2Cr_2O_7$ 以邻菲罗啉为指示剂，用硫酸亚铁铵标准溶液返滴定。根据消耗的 $K_2Cr_2O_7$ 溶液的体积和浓度，计算水样的耗氧量。氯离子干扰测定，可在回流前加硫酸银除去。该法适用于工业污水及生活污水等含有较多复杂污染物的水样的测定。其滴定反应式为：

$$K_2Cr_2O_7+6Fe^{2+}+14H^+\!\!=\!\!=\!\!2Cr^{3+}+6Fe^{3+}+7H_2O$$

酸性高锰酸钾法测定水样的化学耗氧量是指在酸性条件下，向水样中加入过量的 $KMnO_4$ 液，并加热溶液让其充分反应，然后再向溶液中加入过量的 $Na_2C_2O_4$ 标准溶液还原多余的 $KMnO_4$，剩余的 $Na_2C_2O_4$ 再用 $KMnO_4$ 溶液返滴定。根据 $KMnO_4$ 的浓度和水样所消耗的 $KMnO_4$ 溶液体积，计算水样的耗氧量。该法适用于污染不十分严重的地面水和河水等的化学耗氧量的测定。若水样中 Cl^- 含量较高，可加入 Ag_2SO_4 消除干扰，也可改用碱性高锰酸钾法进行测定。有关反应如下：

$$4MnO_4^{2-}+5C+12H^+\!\!=\!\!=\!\!4Mn^{2+}+5CO_2\uparrow+6H_2O$$
$$2MnO_4^-+5C_2O_4^{2-}+16H^+\!\!=\!\!=\!\!2Mn^{2+}+10CO_2\uparrow+8H_2O$$

这里，C 泛指水中的还原性物质或耗氧物质，主要为有机物。

三、主要试剂及仪器

（1）$KMnO_4$ 溶液（约 $0.02mol \cdot L^{-1}$）：配制方法见实验 19。

（2）$KMnO_4$ 溶液（约 0.002mol · L^{-1}）：移取 25.00mL 约 0.02mol · L^{-1} $KMnO_4$标准溶液于250mL 容量瓶中，加水稀释至刻度，摇匀。

（3）$Na_2C_2O_4$ 标准溶液（约 0.005mol · L^{-1}）：准确称取 0.16~0.18g 在 105℃烘干 2h 并冷却的 $Na_2C_2O_4$基准物质，置于小烧杯中，用适量水溶解后，定量转移至250mL 容量瓶中，加水稀释至刻度，摇匀。按实际称取质量计算其准确浓度。

（4）$K_2Cr_2O_7$溶液（约 0.040mol · L^{-1}）：准确称取约 2.9g 在 150~180℃烘干过的 $K_2Cr_2O_7$基准试剂，置于小烧杯中，加少量水溶解后，定量转入 250mL 容量瓶中，加水稀释至刻度，摇匀。按实际称取的质量计算其准确浓度。

（5）邻菲罗啉指示剂：称取 1.485g 邻菲罗啉和 0.695g $FeSO_4 · 7H_2O$，溶于100mL 水中，摇匀，贮于棕色瓶中。

（6）硫酸亚铁铵（0.1mol · L^{-1}）：用小烧杯称取 9.8g 六水硫酸亚铁铵，加10mL 6mol · $L^{-1}H_2SO_4$溶液和少量水，溶解后加水稀释至 250mL，贮于试剂瓶内，待标定。

（7）Ag_2SO_4（固体）。

（8）H_2SO_4溶液（6mol · L^{-1}）。

（9）回流装置。

（10）800W 电炉或其他加热器件。

四、实验步骤

1. 水样中化学耗氧量的测定（酸性高锰酸钾法）

a. 0.02mol · $L^{-1}KMnO_4$的标定

标定方法同实验 19。

b. 化学耗氧量的测定

于 250mL 锥形瓶中，加入 100.00mL 水样和 5mL 6mol · $L^{-1}H_2SO_4$溶液，再用滴定管或移液管准确加入 10.00mL 约 0.002mol · $L^{-1}KMnO_4$标准溶液，然后尽快加热溶液至沸，并准确煮沸 10min（紫红色不应褪去，否则应补加 $KMnO_4$溶液）。取下锥形瓶，冷却 1min 后，准确加入 10.00mL（0.005mol · L^{-1}）$Na_2C_2O_4$标准溶液，充分摇匀（此时溶液应为无色，否则应增加 $Na_2C_2O_4$的用量，记下加入 $Na_2C_2O_4$溶液的总体积 V_1）。趁热用约 0.002mol · $L^{-1}KMnO_4$标准溶液滴定至溶液呈微红色，记下消耗 $KMnO_4$溶液的总体积 V_2。如此平行测定三份。另取 100mL 蒸馏水代替水样进行实验，求空白值。计算水样的化学耗氧量。

2. 水样中化学耗氧量的测定（重铬酸钾法）

a. 硫酸亚铁铵溶液的标定

准确移取 10.00mL(0.040mol·L^{-1})K$_2$Cr$_2$O$_7$溶液三份，分别置于 250mL 锥形瓶中，加入 30mL 水，20mL 浓 H$_2$SO$_4$溶液(注意应慢慢加入，并随时摇匀)，3 滴邻菲罗啉指示剂，然后用硫酸亚铁铵溶液滴定，溶液由黄色变为红褐色即为终点，记下硫酸亚铁铵溶液的体积。如此平行测定三份，计算硫酸亚铁铵的浓度。

b. 化学耗氧量的测定

取 50.00mL 水样于 250mL 带回流装置的锥形瓶中，准确加入 15.00mL(0.040mol·L^{-1})K$_2$Cr$_2$O$_7$标准溶液，20mL 浓 H$_2$SO$_4$溶液，1gAg$_2$SO$_4$固体和数粒玻璃珠，轻轻摇匀后，加热回流 2h。若水样中氯含量较高，则先往水样中加 1g HgSO$_4$和 5mL 浓硫酸，待 HgSO$_4$溶解后，再加入 25.00mL K$_2$Cr$_2$O$_7$溶液，20mL 浓 H$_2$SO$_4$，1g Ag$_2$SO$_4$，加热回流。冷却后用适量蒸馏水冲洗冷凝管，取下锥形瓶，用水稀释至约 100mL。加 3 滴邻菲罗啉指示剂，用硫酸亚铁铵标准溶液滴定至溶液呈红褐色即为终点，记下所用硫酸亚铁铵的体积。如此平行测定三份。以 50.00mL 蒸馏水代替水样进行上述实验，测定空白值。计算水样的化学耗氧量。

五、数据记录与处理

将实验数据及计算结果填入表 5-4~表 5-7。

表 5-4　　　　　　　　　　　**KMnO$_4$标准溶液的标定**

序号	$m_{Na_2C_2O_4}$/g	V_{KMnO_4}/mL	c_{KMnO_4}/(mol·L^{-1})	$\bar{c}_{KMnO_4}$/(mol·L^{-1})	d_r/%
1					
2					
3					

表 5-5　　　　　　　　　　　**化学耗氧量的测定(酸性高锰酸钾法)**

序号	$m_{Na_2C_2O_4}$/g	V_1/mL	V_2/mL	COD	COD$_平$/(mg·L^{-1})	d_r/%
1						
2						
3						

111

表 5-6   **NH$_4$FeSO$_4$ 标准溶液的标定**

序号	$m_{K_2Cr_2O_7}$/g	$V_{NH_4FeSO_4}$/mL	$c_{NH_4FeSO_4}$/(mol·L^{-1})	$\bar{c}_{NH_4FeSO_4}$/(mol·L^{-1})	d_r/%
1					
2					
3					

表 5-7   **化学耗氧量的测定(重铬酸钾法)**

序号	$V_{KCr_2O_7}$/mL	$V_{NH_4FeSO_4}$/mL	COD	COD$_{平}$/(mg·L^{-1})	d_r/%
1					
2					
3					

六、思考题

1. 水样中加入 KMnO$_4$ 溶液煮沸后，若紫红色褪去，说明什么？应怎样处理？

2. 用重铬酸钾法测定时，若在加热回流后溶液变绿，是什么原因？应如何处理？

3. 水样中氯离子的含量高时，为什么对测定有干扰？如何消除？

4. 水样的化学耗氧量的测定有何意义？

实验 22　铜合金中铜含量的间接碘量法测定

一、实验目的

(1)掌握 $Na_2S_2O_3$ 溶液的配制及标定方法。

(2)了解间接碘量法测定铜的原理。

(3)学习铜合金试样的分解方法。

二、实验原理

铜合金种类较多,主要有黄铜和各种青铜。铜合金中铜的含量一般采用碘量法测定。在弱酸性溶液中(pH = 3 ~ 4),Cu^{2+} 与过量的 KI 作用,生成 CuI 沉淀和 I_2,析出的 I_2 可以淀粉为指示剂,用 $Na_2S_2O_3$ 标准溶液滴定。有关反应如下:

$$2Cu^{2+}+4I^-\!\!=\!\!=\!\!=\!\!2CuI\downarrow+I_2$$

或

$$2Cu^{2+}+5I^-\!\!=\!\!=\!\!=\!\!2CuI\downarrow+I_3^-$$

$$I_2+2S_2O_3^{2-}\!\!=\!\!=\!\!=\!\!2I^-+S_4O_6^{2-}$$

Cu^{2+} 与 I^- 之间的反应是可逆的,任何引起 Cu^{2+} 浓度减小(如形成配合物等)或引起 CuI 溶解度增大的因素均使反应不完全,加入过量 KI,可使 Cu^{2+} 的还原趋于完全。但是,CuI 沉淀强烈吸附 I_3^-,又会使结果偏低。通常的办法是在近终点时加入硫氰酸盐,将 CuI(K_{sp} = 1.1 ×10^{-12})转化为溶解度更小的 CuSCN 沉淀(K_{sp} = 4.8×10^{-15})。在沉淀的转化过程中,吸附的碘被释放出来,进而被 $Na_2S_2O_3$ 溶液滴定,使分析结果的准确度得到提高。

硫氰酸盐应在接近终点时加入,否则 SCN^- 会还原大量存在的 I_2,致使测定结果偏低。溶液的 pH 值应控制在 3.0~4.0。酸度过低,Cu^{2+} 易水解,使反应不完全,结果偏低,而且反应速率慢,终点拖长;酸度过高,则 I^- 被空气中的氧氧化为 I_2(Cu^{2+} 催化此反应),使结果偏高。

Fe^{3+} 能氧化 I^-,对测定有干扰,可加入 NH_4HF_2 掩蔽。NH_4HF_2(即 $NH_4F\cdot HF$)是一种很好的缓冲溶液,因 HF 的 K_a = 6.6×10^{-4},故能使溶液的 pH 值保持在 3.0~4.0。

三、主要试剂

(1)KI 溶液(2mol · L^{-1})。

（2）$Na_2S_2O_3$溶液（0.1mol·L^{-1}）：称取 25g $Na_2S_2O_3$·$5H_2O$ 于烧杯中，加入 300~500mL 新煮沸并冷却的蒸馏水，溶解后，加入约 0.1g Na_2CO_3，用新煮沸且冷却的蒸馏水稀释至 1L，贮存于棕色试剂瓶中，在暗处放置 3~5 天后标定。

（3）淀粉溶液（5g·L^{-1}）：称取 0.5g 可溶性淀粉，加少量的水，搅匀，再加入 100mL 沸水，搅匀。若需放置，可加入少量 HgI_2 或 H_3BO_3 作防腐剂。

（4）NH_4SCN 溶液（1mol·L^{-1}）。

（5）H_2O_2（30%）。

（6）Na_2CO_3（固体）。

（7）纯铜（ω>99.9%）。

（8）$K_2Cr_2O_7$标准溶液（$c \approx 0.1000$mol·L^{-1}）：准确称取约 7.25g 在 150~180℃烘干过的 $K_2Cr_2O_7$基准试剂，置于小烧杯中，加少量水溶解后，定量转入 250mL 容量瓶中，加水稀释至刻度，摇匀。按实际称取的质量计算其准确浓度。

（9）KIO_3基准物质。

（10）H_2SO_4溶液（1mol·L^{-1}）。

（11）HCl（6mol·L^{-1}，即1+1）。

（12）NH_4HF_2（4mol·L^{-1}）。

（13）HAc（7mol·L^{-1}，即1+1）。

（14）氨水（7mol·L^{-1}，即1+1）。

（15）铜合金试样。

四、实验步骤

1. $Na_2S_2O_3$溶液的标定

a. 用 $K_2Cr_2O_7$标准溶液标定

准确移取 25.00mL $K_2Cr_2O_7$标准溶液于锥形瓶中，加入 5mL 6mol·L^{-1}HCl 溶液，5mL 2mol·L^{-1}KI 溶液，摇匀，在暗处放置 5min（让其反应完全）后，加入 50mL 蒸馏水，用待标定的 $Na_2S_2O_3$溶液滴定至淡黄色，然后加入 2mL 5g·L^{-1}淀粉指示剂，继续滴定至溶液呈现亮绿色即为终点。平行标定三份，计算 $Na_2S_2O_3$溶液的浓度。

b. 用纯铜标定

准确称取 0.2g 左右纯铜，置于 250mL 烧杯中，加入约 10mL（1+1）盐酸，在摇动条件下逐滴加入 2~3mL 30% H_2O_2（H_2O_2 不应过量太多），至金属铜分解完全。加热，将多余的 H_2O_2 分解赶尽，然后定量转入 250mL 容量瓶中，加水稀释至刻度线，摇匀。

准确移取 25.00mL 纯铜溶液于 250mL 锥形瓶中，滴加（1+1）氨水至刚好产生沉淀，然后加入 8mL HAc 溶液，10mL NH_4HF_2 溶液，10mL KI 溶液，用 $Na_2S_2O_3$ 溶液滴定至淡黄色。再加入 3mL 5g·L^{-1} 淀粉溶液，继续滴定至浅蓝色。再加入 10mL NH_4SCN 溶液，继续滴定至溶液的蓝色消失即为终点。记下所消耗的 $Na_2S_2O_3$ 溶液的体积，计算 $Na_2S_2O_3$ 溶液的浓度。

c. 用 KIO_3 基准物质标定

准确称取 0.8917g KIO_3 基准物质于烧杯中，加水溶解后，定量转入 250mL 容量瓶中，加水稀释至刻度，充分摇匀。吸取 25.00mL KIO_3 标准溶液 3 份，分别置于 250mL 锥形瓶中，加入 20mL 2mol·L^{-1}KI 溶液，5mL 1mol·$L^{-1}H_2SO_4$，加水稀释至约 100mL，立即用待标定的 $Na_2S_2O_3$ 溶液滴定至浅黄色，然后再加入 5mL 淀粉溶液，继续滴定至蓝色变为无色即为终点。

2. 铜合金中铜含量的测定

准确称取黄铜试样（质量分数为 80%~90%）0.10~0.15g，置于 250mL 锥形瓶中，加入 10mL（1+1）HCl 溶液，滴加约 2mL30%H_2O_2，加热使试样溶解完全后，继续加热使 H_2O_2 完全分解，然后煮沸 1~2min。冷却后，加 60mL 水，滴加（1+1）氨水直到溶液中刚刚有稳定的沉淀出现，然后加入 8mL（1+1）HAc，10mL NH_4HF_2 缓冲溶液，10mL KI 溶液，用 0.1mol·$L^{-1}Na_2S_2O_3$ 溶液滴定至浅黄色。再加 3mL 5g·L^{-1} 淀粉指示剂，滴定至浅蓝色后，加入 10mL NH_4SCN 溶液，继续滴定至蓝色消失。根据滴定所消耗的 $Na_2S_2O_3$ 的体积计算 Cu 的含量。

五、数据记录与处理

将实验数据及计算结果填入表 5-8 和表 5-9。

表 5-8 　　　　　　　 $Na_2S_2O_3$ 标准溶液的标定

序号	$m_{基准}$/g	$V_{Na_2S_2O_3}$/mL	$c_{Na_2S_2O_3}$/(mol·L^{-1})	$\bar{c}_{Na_2S_2O_3}$/(mol·L^{-1})	d_r/%
1					
2					
3					

表 5-9　　　　　　　　　　　铜合金中铜含量的测定

序号	$m_{合金}/g$	$V_{Na_2S_2O_3}/mL$	ω_{Cu}	$\bar{\omega}\,\omega_{Cu}$	$d_r/\%$
1					
2					
3					

六、思考题

1. 碘量法测定铜时，为什么常加入 NH_4HF_2？为什么临近终点时加入 NH_4SCN(或 $KSCN$)？

2. 已知 $E^{\ominus}_{Cu^{2+}/Cu^+} = 0.159V$，$E^{\ominus}_{I3-/I-} = 0.545V$，为何本实验中 Cu^{2+} 却能将 I^- 离子氧 I_2？

3. 铜合金试样能否用 HNO_3 分解？本实验采用 HCl 和 H_2O_2 分解试样，试写出反应式。

4. 碘量法测定铜为什么要在弱酸性介质中进行？

实验 23　漂白粉中有效氯的测定

一、实验目的

了解用碘量法测定漂白粉中有效氯的原理与方法。

二、实验原理

漂白粉的主要成分是氯化钙和次氯酸钙，通常用化学式 $Ca(OCl)Cl$ 表示，其中的次氯酸钙与酸作用后产生具有漂白作用的氯气。释放出来的氯称为有效氯，漂白粉的质量常用有效氯来表示，普通漂白粉含有效氯的量为 30% ~ 35%。漂白粉能与空气中的 CO_2 作用产生 $HClO$ 而造成有效氯的损失，因此应尽量避免与空气较长时间的接触。

漂白粉的有效氯可用间接碘量法测定，这是因为漂白粉在酸性条件下与过量的 I^- 作用可定量产生 I_2，而析出的 I_2 可用 $Na_2S_2O_3$ 标准溶液进行滴定。有关反应如下：

$$Ca(OCl)Cl + 2H^+ = Ca^{2+} + H_2O + Cl_2$$

$$Cl_2 + 2I^- = 2Cl^- + I_2$$

或

$$OCl^- + 2I^- + 2H^+ = H_2O + Cl^- + I_2$$

$$I_2 + 2S_2O_3^{2-} = 2I^- + S_4O_6^{2-}$$

由以上反应式可知，有效氯的量与反应析出的 I_2 的量相同。

三、主要试剂和仪器

（1）KI 溶液（$2mol \cdot L^{-1}$）。

（2）$Na_2S_2O_3$ 标准溶液（$0.1mol \cdot L^{-1}$）：配制和标定方法同实验 22。

（3）淀粉溶液（$5g \cdot L^{-1}$）：配制方法见实验 22。

（4）Na_2CO_3 固体。

（5）H_2SO_4 溶液（$6mol \cdot L^{-1}$）。

（6）漂白粉试样。

（7）$K_2Cr_2O_7$（基准物质）。

（8）微型滴定管，研钵等。

四、实验步骤

准确称取约 0.6g 漂白粉试样(不要用称量纸称),置于研钵中,加少许蒸馏水后将其研成糊状,然后定量转入 100mL 容量瓶中,加水至刻度,摇匀。迅速移取 2.00mL 摇匀的漂白粉悬浊液于 20mL 锥形瓶中,加入 6~8 滴 6mol·L^{-1} H_2SO_4 溶液和 1mL KI 溶液,盖上表面皿(或盖上碘量瓶塞),摇匀。在暗处放置 3~5min 后,加入 2mL 水,立即用 $Na_2S_2O_3$ 标准溶液滴定至溶液呈浅黄色,加入 4~6 滴淀粉溶液,继续用 $Na_2S_2O_3$ 溶液滴定至蓝色刚好消失为止,记下 $Na_2S_2O_3$ 溶液的体积。如此平行滴定三份,计算漂白粉中有效氯的质量分数。

若采用常量滴定法测定,则需把所取各溶液的体积扩大 10 倍左右。

五、数据记录与处理

将实验数据及计算结果填入表 5-10 和表 5-11。

表 5-10 $Na_2S_2O_3$标准溶液的标定

序号	$m_{基准}$/g	$V_{Na_2S_2O_3}$/mL	$c_{Na_2S_2O_3}$/(mol·L^{-1})	$\bar{c}_{Na_2S_2O_3}$/(mol·L^{-1})	d_r/%
1					
2					
3					

表 5-11   漂白粉中有效氯的测定

序号	$m_{漂白粉}$/g	$V_{Na_2S_2O_3}$/mL	$\omega_{有效氯}$	$\bar{\omega}_{有效氯}$	d_r/%
1					
2					
3					

六、思考题

1. 漂白粉悬浊液为什么要在摇匀后迅速移取?
2. 造成本实验误差的主要因素有哪些?应如何减少误差?

实验 24　苯酚含量的测定

一、实验目的

（1）了解溴酸钾法测定苯酚的原理与方法。
（2）学会配制溴酸钾-溴化钾标准溶液。

二、实验原理

苯酚是煤焦油的主要成分之一，广泛应用于消毒、杀菌，并作为高分子材料、染料、医药、农药合成的原料。由于苯酚的生产和应用造成环境污染，因此，它也是常规环境监测的主要项目之一。

溴酸钾法测定苯酚的原理是：$KBrO_3$ 与 KBr 在酸性介质中反应，定量地产生 Br_2，Br_2 与苯酚发生取代反应生成三溴苯酚，剩余的 Br_2 用过量 KI 还原，析出的 I_2 以 $Na_2S_2O_3$ 标准溶液滴定。反应式如下：

$$BrO_3^- + 5Br^- + 6H^+ \Longrightarrow 3Br_2 + 3H_2O$$

$$Br_2 + 2I^- \Longrightarrow I_2 + 2Br^-$$
$$I_2 + 2S_2O_3^{2-} \Longrightarrow 2I^- + S_4O_6^{2-}$$

因此，计量关系为：$C_6H_5OH \sim BrO_3^- \sim 3Br_2 \sim 3I_2 \sim 6S_2O_3^{2-}$。

其他酚类物质也会发生类似反应，因此，若试样中还含有其他酚类物质，测定结果将受到影响。

$Na_2S_2O_3$ 溶液通常用基准物质 $K_2Cr_2O_7$ 或纯铜标定，本实验为了与测定苯酚的条件一致，采用 $KBrO_3$-KBr 法标定，其实验过程与上述测定过程相同，只是以水代替苯酚试样进行而已。

三、主要试剂

（1）$KBrO_3$-KBr 标准溶液（$c_{KBrO3} = 0.02000 mol \cdot L^{-1}$）：准确称取 0.6959g $KBrO_3$ 置于小烧杯中，加入 4g KBr，用水溶解后，定量转移至 250mL 容量瓶

119

中，用水稀释至刻度，摇匀。

(2)$Na_2S_2O_3$($0.05mol \cdot L^{-1}$)：配制方法见实验22。

(3)淀粉溶液($5g \cdot L^{-1}$)：配制方法见实验22。

(4)KI($1mol \cdot L^{-1}$)。

(5)HCl($6mol \cdot L^{-1}$)。

(6)NaOH($2mol \cdot L^{-1}$)。

(7)苯酚试样。

四、实验步骤

1. $Na_2S_2O_3$溶液的标定

准确移取25.00mL $KBrO_3$-KBr 标准溶液于250mL 锥形瓶(或碘量瓶)中，加入25mL 水，10mL HCl 溶液，摇匀，盖上表面皿，放置5~8min，加入20mL KI 溶液，盖上表面皿，摇匀，再避光放置5~8min。然后，用 $Na_2S_2O_3$ 溶液滴定至浅黄色，加入2mL 淀粉溶液，继续滴定至蓝色消失即为终点。平行测定三份，计算 $Na_2S_2O_3$ 的浓度。

2. 苯酚试样的测定

准确称取0.2~0.3g 试样于100mL 烧杯中，加入5mL NaOH 和少量水，待苯酚溶解后，定量转入250mL 容量瓶中，加水至刻度，摇匀。移取10.00mL 试样溶液于250mL 锥形瓶中，用移液管加入25.00mL $KBrO_3$-KBr 标准溶液，然后加入10mL HCl 溶液，充分摇动2min，使三溴苯酚沉淀完全分散后，盖上表面皿，再放置5min。再加入20mL KI，在暗处放置5~8min 后，用 $Na_2S_2O_3$ 标准溶液滴定至浅黄色。加入2mL 淀粉溶液，继续滴定至蓝色刚好消失即为终点。平行测定三份，计算苯酚含量。

3. $Na_2S_2O_3$溶液的标定(微型滴定)

准确移取2.00mL $KBrO_3$-KBr 标准溶液于20mL 锥形瓶(或碘量瓶)中，加入1mL HCl 溶液，摇匀，盖上表面皿，放置3~5min，再向其中加入2mL KI 溶液，摇匀，避光放置3~5min。然后用 $Na_2S_2O_3$溶液滴定至浅黄色，加入4~6滴淀粉溶液，继续滴定至蓝色刚好消失为止，记下读数。如此平行测定三份，计算 $Na_2S_2O_3$ 的浓度($mol \cdot L^{-1}$)。

4. 苯酚试样的测定(微型滴定)

准确称取约0.1g 苯酚试样于小烧杯中，加2mL NaOH 溶液和少量水，溶解后将其定量转入100mL 容量瓶中，加水至刻度，摇匀。移取1.00mL 该溶液于20mL 锥形瓶中，加入2.00mL $KBrO_3$-KBr 标准溶液(视情况可适当增减用量，但一定要准确加入）和 1mL（或 15～20 滴）HCl 溶液，摇匀，盖上表面皿（或瓶塞），放置 2～3min，再向其中加入 2mL KI 溶液，暗处放置 3～5min 后，用 $Na_2S_2O_3$ 标准溶液滴定至浅黄色。加入 4～6 滴淀粉溶液，继续滴定至蓝色消失即为终点。平行滴定三份，计算苯酚含量。

五、数据记录与处理

将实验数据及计算结果填入表 5-12 和表 5-13。

表 5-12　　　　　　　　　　　$Na_2S_2O_3$ 标准溶液的标定

序号	V_{KBrO_3-KBr}/mL	$V_{Na_2S_2O_3}$/mL	$c_{Na_2S_2O_3}$/(mol·L^{-1})	$\bar{c}_{Na_2S_2O_3}$/(mol·L^{-1})	d_r/%
1					
2					
3					

表 5-13　　　　　　　　　　　　苯酚试样的测定

序号	m_s/g	$V_{Na_2S_2O_3}$/mL	$\omega_{苯酚}$	$\bar{\omega}_{苯酚}$	d_r/%
1					
2					
3					

六、思考题

1. 标定 $Na_2S_2O_3$ 及测定苯酚时，能否用 $Na_2S_2O_3$ 溶液直接滴定 Br_2？为什么？

2. 试分析该操作过程中主要的误差来源有哪些。

3. 苯酚试样中加入 $KBrO_3$-KBr 溶液后，要用力摇动锥形瓶，其目的是什么？

实验25　维生素C制剂及果蔬中抗坏血酸含量的碘量法测定

一、实验目的

(1)掌握碘标准溶液的配制和标定方法。
(2)了解直接碘量法测定抗坏血酸的原理和方法。

二、实验原理

维生素C(Vc)又称抗坏血酸,分子式为$C_6H_8O_6$。Vc具有还原性,可被I_2定量氧化,因而可用I_2标准溶液直接滴定。其滴定反应式为:$C_6H_8O_6+I_2$═══$C_6H_6O_6+2HI$。用直接碘量法可测定药片、注射液、饮料、蔬菜、水果等中的Vc含量。在酸性溶液中,KI与KIO_3反应快速定量地释放出I_2,因此Vc的含量也可在过量KI存在下,用KIO_3标准溶液直接滴定。

由于Vc的还原性很强,较易被溶液和空气中的氧氧化,在碱性介质中这种氧化作用更强,因此滴定宜在酸性介质中进行,以减少副反应的发生。考虑到I^-在强酸性溶液中也易被氧化,故一般选在pH=3~4的弱酸性溶液中进行滴定。

三、主要试剂

(1)I_2溶液(约$0.05mol \cdot L^{-1}$):称取3.3g I_2和5g KI,置于研钵中,加少量水,在通风橱中研磨。待I_2全部溶解后,将溶液转入棕色试剂瓶中,加水稀释至250mL,充分摇匀,放暗处保存。
(2)$Na_2S_2O_3$标准溶液(约$0.01mol \cdot L^{-1}$)。
(3)淀粉溶液(0.2%)。
(4)HAc($2mol \cdot L^{-1}$)。
(5)固体Vc样品(维生素C片剂)。
(6)$K_2Cr_2O_7$标准溶液(约$0.020mol \cdot L^{-1}$)。
(7)KIO_3标准溶液(约$0.002mol \cdot L^{-1}$)。
(8)果蔬样品(如西红柿、橙子、草莓等)。
(9)KI溶液(约25%)。

四、实验步骤

1. I_2溶液的标定

用移液管移取 25.00mL $Na_2S_2O_3$ 标准溶液于 250mL 锥形瓶中，加 50mL 蒸馏水、5mL 0.2%淀粉溶液，然后用 I_2 溶液滴定至溶液呈浅蓝色，30s 内不退色即为终点。平行标定三份，计算 I_2 溶液的浓度。

2. 维生素 C 片剂中 Vc 含量的测定

准确称取约 0.2g 研碎了的维生素 C 药片，置于 250mL 锥形瓶中，加入 100mL 新煮沸过并冷却的蒸馏水、10mL 2mol·L^{-1}HAc 溶液和 5mL 0.2%淀粉溶液，立即用 I_2 标准溶液滴定至出现稳定的浅蓝色，且在 30s 内不退色即为终点，记下消耗的 I_2 溶液体积。平行滴定三份，计算试样中抗坏血酸的质量分数。

3. 果蔬样品中 Vc 含量的测定

用 100mL 干燥小烧杯准确称取 50g 左右绞碎了的果蔬样品(如草莓，用绞碎机打成糊状)，将其转入 250mL 锥形瓶中，用水冲洗小烧杯 1~2 次。向锥形瓶中加入 10mL 2mol·L^{-1}HAc、20mL 25% KI 溶液和 5mL 1%淀粉溶液，然后用 KIO_3 标准溶液滴定至试液由红色变为蓝紫色即为终点，计算 Vc 的含量(mg/100g)。

五、数据记录与处理

将实验数据及计算结果填入表 5-14~表 5-17。

表 5-14　　　　　　　　$Na_2S_2O_3$标准溶液的标定

序号	$m_{基准}$/g	$V_{Na_2S_2O_3}$/mL	$c_{Na_2S_2O_3}$/(mol·L^{-1})	$\bar{c}_{Na_2S_2O_3}$/(mol·L^{-1})	d_r/%
1					
2					
3					

表 5-15　　　　　　　　I_2 标准溶液的标定

序号	$V_{Na_2S_2O_3}$/mL	V_{I_2}/mL	c_{I_2}/(mol·L^{-1})	$\bar{c}_{I_2}$/(mol·L^{-1})	d_r/%
1					
2					
3					

表 5-16   **维生素 C 片剂中 Vc 含量的测定**

序号	m_s/g	V_{I_2}/mL	ω_{Vc}	$\overline{\omega}_{Vc}$	$d_r/\%$
1					
2					
3					

表 5-17   **果蔬样品中 Vc 含量的测定**

序号	m_s/g	V_{I_2}/mL	ω_{Vc}	$\overline{\omega}_{Vc}$	$d_r/\%$
1					
2					
3					

六、思考题

1. 溶解 I_2 时，加入过量 KI 的作用是什么？

2. 维生素 C 固体试样溶解时为何要加入新煮沸并冷却的蒸馏水？

实验 26　铁矿石中铁含量的测定

一、实验目的

熟悉 $K_2Cr_2O_7$ 法测定铁矿石中铁的原理和操作步骤。

二、实验原理

铁矿石的种类很多，用于炼铁的主要有磁铁矿（Fe_3O_4）、赤铁矿（Fe_2O_3）和菱铁矿（$FeCO_3$）等。铁矿石试样经盐酸溶解后，其中的铁转化为 Fe^{3+}。在强酸性条件下，Fe^{3+} 可通过 $SnCl_2$ 还原为 Fe^{2+}。Sn^{2+} 将 Fe^{3+} 还原完毕后，甲基橙也可被 Sn^{2+} 还原成氢化甲基橙而退色，因而甲基橙可指示 Fe^{3+} 是否被还原完。Sn^{2+} 还能继续使氢化甲基橙还原成 N，N-二甲基对苯二胺和对氨基苯磺酸钠。其反应式为

$$(CH_3)_2NC_6H_4N \!=\!\!=\!\!=\! NC_6H_4SO_3Na+2e+2H^+ \longrightarrow (CH_3)_2NC_6H_4NH-NHC_6H_4SO_3Na$$

$$(CH_3)_2NC_6H_4NH\!-\!NHC_6H_4SO_3Na+2e+2H^+ \longrightarrow (CH_3)_2NC_6H_4NH_2+NH_2C_6H_4SO_3Na$$

这样一来，略为过量的 Sn^{2+} 也被消除。由于这些反应是不可逆的，因此甲基橙的还原产物不消耗 $K_2Cr_2O_7$。

反应在 HCl 介质中进行，还原 Fe^{3+} 时 HCl 浓度以 $4mol \cdot L^{-1}$ 为好，大于 $6mol \cdot L^{-1}$ 时 Sn^{2+} 则先将甲基橙还原为无色，使其无法指示 Fe^{3+} 的还原，同时 Cl^- 浓度过高也可能消耗 $K_2Cr_2O_7$，当 HCl 浓度低于 $2mol \cdot L^{-1}$ 时则甲基橙退色缓慢。反应完后，以二苯胺磺酸钠为指示剂，用 $K_2Cr_2O_7$ 标准溶液滴定至溶液呈紫色即为终点，主要反应式如下：

$$2FeCl_4^- +SnCl_4^{2-} +2Cl^- = 2FeCl_4^{2-} +SnCl_6^{2-}$$

$$6Fe^{2+}+Cr_2O_7^{2-}+14H^+=6Fe^{3+}+2Cr^{3+}+7H_2O$$

滴定过程中生成的 Fe^{3+} 呈黄色，影响终点的观察，若在溶液中加入 H_3PO_4，H_3PO_4 与 Fe^{3+} 生成无色的 $Fe(HPO_4)_2^-$，可掩蔽 Fe^{3+}。同时由于 $Fe(HPO_4)_2^-$ 的生成，使得 Fe^{3+}/Fe^{2+} 电对的条件电位降低，滴定突跃增大，指示剂可在突跃范围内变色，从而减少滴定误差。

Cu^{2+}、As（V）、Ti（IV）、Mo（VI）等离子存在时，可被 $SnCl_2$ 还原，同时又能被 $K_2Cr_2O_7$ 氧化，Sb（V）和 Sb（III）也干扰铁的测定。

三、主要试剂

（1）$SnCl_2$（10%溶液）：称取 10g $SnCl_2 \cdot 2H_2O$ 溶于 40mL 浓热 HCl，加水稀释至 100mL。

（2）$SnCl_2$（5%溶液）：将 10%的 $SnCl_2$ 溶液稀释一倍。

（3）HCl（浓）。

（4）硫磷混酸：将 150mL 浓硫酸缓缓加入 700mL 水中，冷却后加入 150mL H_3PO_4，摇匀。

（5）甲基橙（0.1%水溶液）。

（6）二苯胺磺酸钠（0.2%水溶液）。

（7）$K_2Cr_2O_7$ 标准溶液：将 $K_2Cr_2O_7$ 在 150~180℃烘干 2h，放入干燥器中冷却至室温。准确称取 0.6 ~ 0.7g $K_2Cr_2O_7$ 于小烧杯中，加水溶解后转移至 250mL 容量瓶中，用水稀释至刻度，摇匀，计算 $K_2Cr_2O_7$ 标准溶液的准确浓度。

四、实验步骤

准确称取铁矿石粉 1~1.5g 于 250mL 烧杯中，用少量水润湿后，加 20mL 浓 HCl，盖上表面皿，在砂浴上加热 20~30min，并不时摇动，避免沸腾。如有带色不溶残渣，可滴加 $SnCl_2$ 溶液 20~30 滴助溶，试样分解完全时，剩余残渣应为白色或非常接近白色，此时可用少量水吹洗表面皿及杯壁，冷却后将溶液转移到 250mL 容量瓶中，加水稀释至刻度，摇匀。

移取样品溶液 25.00mL 于 250mL 锥形瓶中，加 8mL 浓 HCl，加热至接近沸腾，加入 6 滴甲基橙，边摇动锥形瓶边慢慢滴加 10% $SnCl_2$ 溶液，溶液由橙红色变为红色，再慢慢滴加 5% $SnCl_2$ 至溶液变为淡红色。若摇动后粉色褪去，说明 $SnCl_2$ 已过量，可补加 1 滴甲基橙，以除去稍微过量的 $SnCl_2$，此时溶液如呈浅粉色最好，不影响滴定终点，$SnCl_2$ 切不可过量。然后，迅速用流水冷却，加蒸馏水 50mL，硫磷混酸 20mL，二苯胺磺酸钠 4 滴，并立即用 $K_2Cr_2O_7$ 标准溶液滴定至出现稳定的紫红色。平行测定三次，计算试样中 Fe 的含量。

五、数据记录与处理

将实验数据及计算结果填入表 5-18。

表 5-18

序号	m_s/g	$V_{K_2Cr_2O_7}/mL$	ω_{Fe}	$\bar{\omega}_{Fe}$	$d_r/\%$
1					
2					
3					

六、思考题

1. 用 $K_2Cr_2O_7$ 法测定铁矿石中的铁时，滴前为什么要加入 H_3PO_4？加入 H_3PO_4 后为何要立即滴定？

2. 用 $SnCl_2$ 还原 Fe^{3+} 时，为何要在加热条件下进行？加入的 $SnCl_2$ 量不足或过量会给测试结果带来什么影响？

实验27　葡萄糖注射液中葡萄糖含量的测定

一、实验目的

了解碘量法测定葡萄糖的方法和原理。

二、实验原理

在碱性溶液中，I_2可歧化成IO^-和I^-，IO^-能定量地将葡萄糖（$C_6H_{12}O_6$）氧化成葡萄糖酸（$C_6H_{12}O_7$），未与$C_6H_{12}O_6$作用的IO^-进一步歧化为IO_3^-和I^-。溶液酸化后，IO_3^-又与I^-作用析出I_2，用$Na_2S_2O_3$标准溶液滴定析出的I_2，由此可计算出$C_6H_{12}O_6$的含量，有关反应式如下：

$$I_2 + 2OH^- = IO^- + I^- + H_2O$$

$$C_6H_{12}O_6 + IO^- = I^- + C_6H_{12}O_7$$

总反应式为：

$$I_2 + C_6H_{12}O_6 + 2OH^- = C_6H_{12}O_7 + 2I^- + H_2O$$

与$C_6H_{12}O_6$作用完后，剩下未作用的IO^-在碱性条件下发生歧化反应：

$$3IO^- = IO_3^- + 2I^-$$

在酸性条件下：　　　　$$IO_3^- + 5I^- + 6H^+ = 3I_2 + 3H_2O$$

即　　　　　　　　　　$$IO^- + I^- + 2H^+ = I_2 + H_2O$$

$$I_2 + 2S_2O_3^{2-} = 2I^- + S_4O_6^{2-}$$

由以上反应可以看出一分子葡萄糖与一分子I_2相当。本法适用于测定葡萄糖注射液中葡萄糖的含量。

三、主要试剂

（1）HCl溶液（$2mol \cdot L^{-1}$）。

（2）NaOH溶液（$0.2mol \cdot L^{-1}$）。

（3）$Na_2S_2O_3$标准溶液（$0.05mol \cdot L^{-1}$）：称取3g $Na_2S_2O_3$溶于250mL水，具体标定与配制方法见实验22。

（4）I_2溶液（$0.05mol \cdot L^{-1}$）：称取3.2g I_2于小烧杯中，加6g KI，先用约30mL水溶解，待I_2完全溶解后，稀释至250mL，摇匀，贮于棕色瓶中，放至暗处保存。

（5）淀粉溶液（0.5%）：称取0.5g可溶性淀粉，用少量水调成糊状，慢慢加入到 100mL 沸腾的蒸馏水中，继续煮沸至溶液透明为止。

（6）KI（固体）：分析纯。

（7）葡萄糖注射液（0.5%）：将 5% 的葡萄糖注射液稀释 10 倍。

四、实验步骤

1. I_2 溶液的标定

移取 25.00mL I_2 溶液于 250mL 锥形瓶中，加 50mL 蒸馏水，用 $Na_2S_2O_3$ 标准溶液滴定至溶液呈浅黄色，再加入 2mL 淀粉溶液，继续滴定至蓝色刚好消失为止，记下消耗的 $Na_2S_2O_3$ 溶液体积。平行标定三份，计算 I_2 溶液的浓度。

2. 葡萄糖含量的测定

移取 25.00mL 葡萄糖注射液于 250mL 容量瓶中，加水至刻度，摇匀。移取 25.00mL 稀释后的葡萄糖溶液于 250mL 锥形瓶中，准确加入 25.00mL I_2 标准溶液，慢慢滴加 0.2mol·L^{-1}NaOH，边加边摇，直至溶液呈淡黄色（加碱的速度不能过快，否则生成的 IO^- 来不及氧化 $C_6H_{12}O_6$，使测定结果偏低）。用小表面皿将锥形瓶盖好，放置 10~15min，然后加 6mL 2mol·L^{-1}HCl 使溶液呈酸性，并立即用 $Na_2S_2O_3$ 溶液滴定，至溶液呈浅黄色时，加入淀粉指示剂 3mL，继续滴至蓝色刚好消失，记下滴定读数。平行滴定三份，计算葡萄糖的含量。

五、数据记录与处理

将实验数据及计算结果填入表 5-19~表 5-21。

表 5-19　　　　　　　　　$Na_2S_2O_3$ 标准溶液的标定

序号	$m_{基准}$/g	$V_{Na_2S_2O_3}$/mL	$c_{Na_2S_2O_3}$/(mol·L^{-1})	$\bar{c}_{Na_2S_2O_3}$/(mol·L^{-1})	d_r/%
1					
2					
3					

表 5-20　　　　　　　　　I_2 标准溶液的标定

序号	$V_{Na_2S_2O_3}$/mL	V_{I_2}/mL	c_{I_2}/(mol·L^{-1})	$\bar{c}_{I_2}$/(mol·L^{-1})	d_r/%
1					
2					
3					

表 5-21   葡萄糖注射液中葡萄糖含量的测定

序号	V_s/mL	$V_{Na_2S_2O_3}$/mL	$\rho_{葡}/(g \cdot mL^{-1})$	$\bar{\rho}_{葡}/(g \cdot mL^{-1})$	d_r/%
1					
2					
3					

六、思考题

1. 配制 I_2 溶液时为何加入 KI？

2. 碘量法主要误差来源有哪些？如何避免？

实验 28 胱氨酸制品中胱氨酸含量的测定

一、实验目的

(1)掌握溴酸钾-碘量法测定胱氨酸含量的原理。
(2)进一步熟悉滴定操作。

二、实验原理

在酸性溶液中，BrO_3^- 与 Br^- 发生下列反应：

$$BrO_3^- + 5Br^- + 6H^+ \Longrightarrow 3Br_2 + 3H_2O$$

生成的 Br_2 可与某些有机化合物定量反应，待反应完全后，过量的 Br_2 可通过加入过量 KI 还原，析出的 I_2 再用 $Na_2S_2O_3$ 标准溶液滴定，根据有机化合物反应消耗的 Br_2 的量可知有机物的含量。

溴酸钾与碘量法配合使用，主要用于测定苯酚和胱氨酸等有机物的含量，其中胱氨酸与 Br_2 的反应式为：

$$(SCH_2CHNH_22COOH)_2 + 5Br_2 + 6H_2O \Longrightarrow 2HO_3SCH_2CHNH_2COOH + 10HBr$$

常用的还原性滴定剂 $Na_2S_2O_3$ 易被 Br_2、Cl_2 等较强氧化剂非定量的氧化为 SO_4^{2-} 等，因而不能用 $Na_2S_2O_3$ 直接滴定 Br_2，而且 Br_2 易挥发损失。

三、主要试剂

(1)NaOH 溶液($0.25mol \cdot L^{-1}$)：称取 10g NaOH 固体于烧杯中，加水溶解后，稀释至 1000mL，贮存在试剂瓶中，用橡皮塞塞紧瓶口。

(2)HCl 溶液($6mol \cdot L^{-1}$)。

(3)KI 溶液(20%)。

(4)溴酸钾-溴化钾溶液($0.02000mol \cdot L^{-1}$)：称取 $KBrO_3$ 基准试剂 0.8350g 和 KBr 4.3g 于烧杯中，加水溶解后，定量转入 250mL 容量瓶中，用水稀释至刻度，摇匀。

(5)$Na_2S_2O_3$ 标准溶液($0.1mol \cdot L^{-1}$)：配制见前面的实验。

(6)淀粉指示剂(0.5%)：称取 0.5g 淀粉，用少许水搅匀后，缓缓倒入 100mL 沸水，再煮沸 2min，冷却放置备用。若要用较长时间，可加防腐剂 $ZnCl_2$ 0.4g。

(7)胱氨酸样品：经 105℃烘干，置广口瓶内，于干燥器中保存。

四、实验步骤

1. Na₂S₂O₃溶液的标定

移取 25.00mL 0.02000mol·L⁻¹溴酸钾标准溶液于碘量瓶中，向其中加入 10mL 6mol·L⁻¹HCl 溶液，加盖于暗处放置 2min 后，取下盖，加入 25mL 蒸馏水，再加入 10mL 20% KI 溶液，立即用 Na₂S₂O₃标准溶液滴定。待滴至溶液由棕红色变为淡黄色时，加入 2mL 0.5%淀粉溶液，再继续滴定到蓝色刚好消失为止，记下消耗的 Na₂S₂O₃溶液体积。平行标定 3~5 份，计算 Na₂S₂O₃溶液的浓度。

2. 胱氨酸含量的测定

准确称取胱氨酸样品约 0.3g，置于 100mL 烧杯中，加 10mL NaOH 溶液溶解，然后转入 100mL 容量瓶中，加水稀释至刻度，摇匀。从中移取 10.00mL 于 250mL 碘量瓶中(若无碘量瓶，也可用锥形瓶代之，并以表面皿为盖)，加 25.00mL 0.02000mol·L⁻¹溴酸钾标准溶液和 5mL 6mol·L⁻¹HCl 溶液，加盖于暗处放置 10min 后，取下盖加入 25mL 蒸馏水，再加入 5mL 20% KI 溶液，立即用 Na₂S₂O₃标准溶液滴定，滴至溶液由棕红色变为淡黄色时，加入 2mL 0.5%淀粉，再继续滴定到蓝色刚好消失，记下消耗的 Na₂S₂O₃溶液体积。平行测定三次，计算样品中胱氨酸的含量。

3. 空白实验

以蒸馏水代替样品试液(即吸取 10.00mL 蒸馏水到 250mL 碘量瓶中)，重复上述操作，记下消耗的 Na₂S₂O₃标准溶液的体积，求空白值，对测试结果进行校正。

五、数据记录与处理

将实验数据及计算结果填入表 5-22 和表 5-23。

表 5-22   **Na₂S₂O₃标准溶液的标定**

序号	V_{KBrO_3-KBr}/mL	$V_{Na_2S_2O_3}$/mL	$c_{Na_2S_2O_3}$/(mol·L⁻¹)	$\bar{c}_{Na_2S_2O_3}$/(mol·L⁻¹)	d_r/%
1					
2					
3					

表 5-23 　　　　　　　　　　　　胱氨酸含量测定

序号	m_s/g	$V_{Na_2S_2O_3}/mL$	$\omega_{胱氨酸}$	$\overline{\omega}_{胱氨酸}$	$d_r/\%$
1					
2					
3					

六、思考题

1. 测定胱氨酸时为何不能用 Br_2 直接滴定？

2. 试分析溴酸钾-碘量法测定胱氨酸时误差的主要来源。

3. 溴酸钾与碘量法配合使用测定胱氨酸的原理是什么？试写出各步骤的主要反应式。

4. 什么叫"空白实验"？它的作用是什么？

实验 29 氧化还原滴定设计实验

一、实验目的

(1)巩固理论课中学过的重要氧化还原反应的知识。

(2)对滴定前试样的预先氧化还原处理方法和过程有一定了解。

(3)对较复杂试样中某些组分的氧化还原滴定能设计出可行的实验方案。

二、设计实验参考选题

1. 水中溶解氧(DO)的测定

水中溶解氧在碱性介质中可将 $Mn(OH)_2$ 氧化为棕色的 $MnO(OH)_2$,后者在酸性介质中溶解并能与 I^- 定量作用产生 I_2,析出来的 I_2 则可用 $Na_2S_2O_3$ 标准溶液滴定。

2. 不锈钢中铬含量的测定

钢样用酸溶解后,铬以三价离子的形式存在,在酸性溶液中以 $AgNO_3$ 作催化剂,用过硫酸铵可将其氧化为 $Cr_2O_7^{2-}$。然后可用硫酸亚铁铵标准溶液滴定产生的 $Cr_2O_7^{2-}$,从而得知试样中铬的含量。为了检验 Cr^{3+} 是否已被定量地氧化,可在待测溶液中加入少量 Mn^{2+},当溶液中出现 MnO_4^- 的颜色时,表明 Cr^{3+} 已被全部氧化,此时需再向溶液中加入少量 HCl,煮沸以还原所生成的 MnO_4^-。

3. 锰铁合金中锰和铁的含量测定

试样经加 H_3PO_4 和 $HClO_4$,并加热溶解后,其中的铁和锰分别以 Fe^{3+} 和 Mn^{3+} 形式存在。冷却后向试液中加适量水,用 $FeSO_4$ 标准溶液滴至浅粉色,加几滴二苯胺磺酸钠指示剂,继续用 $FeSO_4$ 溶液滴至紫色,由此可得知锰的含量。在上述滴过 Mn^{3+} 的溶液中加浓 H_2SO_4,加热近沸,滴加 $SnCl_2$ 至浅绿色,过量 2 滴,再加适量水和几滴甲基橙,用 K_2CrO_7 标准溶液滴定铁。

4. HCOOH 与 HAc 混合液中各组分含量的测定

以酚酞为指示剂,用 NaOH 溶液滴定总酸量,在强碱性介质中向试样溶液中加入过量 $KMnO_4$ 标准溶液,此时甲酸被氧化为 CO_2,MnO_4^- 还原为 MnO_4^{2-},并歧化生成 MnO_4^- 及 MnO_2。加酸,加入过量的 KI 还原过量部分的 MnO_4^- 及歧化生成的 MnO_4^- 和 MnO_2 至 Mn^{2+},再以 $Na_2S_2O_3$ 标准溶液滴定析出的 I_2。

5. 含有 Mn 和 V 的混合试样中 Mn 和 V 含量的测定

试样分解后，将 Mn 和 V 预处理为 Mn^{2+} 和 VO^{2+}，以 $KMnO_4$ 溶液滴定，加入 $H_4P_2O_7$，使 Mn^{3+} 形成稳定的焦磷酸盐络合物，继续用 $KMnO_4$ 溶液滴定生成的 Mn^{2+} 及原有的 Mn^{2+} 到 Mn^{3+}。根据 $KMnO_4$ 消耗的体积计算 Mn、V 的质量分数。

6. $PbO-PbO_2$ 混合物中各组分含量的测定

加入过量 $H_2C_2O_4$ 标准溶液使 PbO_2 还原为 Pb^{2+}，用氨水中和溶液，Pb^{2+} 定量沉淀为 PbC_2O_4，过滤。滤液酸化后，以 $KMnO_2$ 标准溶液滴定，沉淀以酸溶解后再以 $KMnO_4$ 滴定。

7. 含 Cr_2O_3 和 MnO_2 矿石中 Cr 及 Mn 的测定

以 Na_2O_2 熔融试样，得到 MnO_4^- 及 CrO_4^{2-}，煮沸除去过氧化物，酸化溶液，MnO_4^{2-} 歧化为 MnO_4^- 和 MnO_2。过滤除去 MnO_2，滤液中加入过量 $FeSO_4$ 标准溶液还原 CrO_4^{2-} 和 MnO_4^-，过量的 $FeSO_4$ 用 $KMnO_4$ 标准溶液滴定。

8. Na_2S 和 Sb_2S_5 混合物中 S 和 Sb 的测定

试样溶解后，经预处理将 Sb(Ⅲ) 和 Sb(Ⅴ) 全部转化为 SbO_3^{3-}，在 $NaHCO_3$ 介质中以 I_2 标准溶液滴定 SbO_3^{3-}。另取一份试样溶于酸，并将释放出的 H_2S 收集于 I_2 标准溶液中，过量的 I_2 用 $Na_2S_2O_3$ 标准溶液滴定之。

第六章　沉淀滴定与重量分析实验

实验30　可溶性氯化物中氯含量的测定
（莫尔(Mohr)法）

一、实验目的

(1)学习 $AgNO_3$ 标准溶液的配制和标定。

(2)掌握用莫尔法进行沉淀滴定的原理、方法和实验操作。

二、实验原理

一些可溶性氯化物中氯含量的测定常采用莫尔法。此法是在中性或弱碱性溶液中，以 K_2CrO_4 为指示剂，用 $AgNO_3$ 标准溶液进行滴定。由于 AgCl 的溶解度比 $AgCrO_4$ 小，因此，溶液中首先析出 AgCl 沉淀。当 AgCl 定量沉淀后，过量 1 滴 $AgNO_3$ 溶液即与 CrO_4^{2-} 生成砖红色 Ag_2CrO_4 沉淀，指示达到终点。主要反应式如下：

$$Ag^+ + Cl^- = AgCl\downarrow（白色）\quad K_{sp} = 1.8 \times 10^{-10}$$
$$2Ag^+ + CrO_4^{2-} = AgCrO_4\downarrow（砖红色）\quad K_{sp} = 2.0 \times 10^{-12}$$

滴定应在中性或弱碱性溶液中进行，最适宜的 pH 值范围为 $6.5 \sim 10.5$。如果有铵盐存在，溶液的 pH 值需控制在 $6.5 \sim 7.2$。

指示剂的用量对滴定有影响，一般以 $5 \times 10^{-3}\,mol \cdot L^{-1}$ 为宜①。凡是能与

---

① 指示剂用量大小对测定有影响，必须定量加入。溶液较稀时，须作指示剂的空白校正，方法如下：取 1mL K_2CrO_4 指示剂溶液，加入适量水，然后加入无 Cl^- 的 $CaCO_3$ 固体（相当于滴定时 AgCl 的沉淀量），制成相似于实际滴定的浑浊溶液。逐渐滴入 AgNO3 溶液，至与终点颜色相同为止，记录读数，从滴定试液所消耗的 $AgNO_3$ 体积中扣除此读数。

Ag^+生成难溶性化合物或络合物的阴离子都干扰测定。如 PO_4^{3-}，AsO_4^{3-}，SO_3^{2-}，S^{2-}，CO_3^{2-}，$C_2O_4^{2-}$ 等。其中 H_2S 可加热煮沸除去，将 SO_3^{2-} 氧化成 SO_4^{2-} 后就不再干扰测定。大量 Cu^{2+}，Ni^{2+}，Co^{2+} 等有色离子将影响终点观察。凡是能与 CrO_4^{2-} 指示剂生成难溶化合物的阳离子也干扰测定，如 Ba^{2+}，Pb^{2+} 能与 CrO_4^{2-} 分别生成 $BaCrO_4$ 和 $PbCrO_4$ 沉淀。Ba^{2+} 的干扰可通过加入过量的 Na_2SO_4 消除。Al^{3+}，Fe^{3+}，Bi^{3+}，Sn^{4+} 等高价金属离子在中性或弱碱性溶液中易水解产生沉淀，会干扰测定。

三、主要试剂

（1）NaCl 基准试剂：在 500~600℃ 高温炉中灼烧 0.5h 后，置于干燥器中冷却。也可将 NaCl 置于带盖的瓷坩埚中，加热，并不断搅拌，待爆炸声停止后，继续加热 15min，将坩埚放入干燥器中冷却后使用。

（2）$AgNO_3$ 溶液（$0.1mol \cdot L^{-1}$）：称取 8.5g $AgNO_3$ 溶解于 500mL 不含 Cl^- 的蒸馏水中，将溶液转入棕色试剂瓶中，置暗处保存，以防止光照分解。

（3）K_2CrO_4 溶液（$50g \cdot L^{-1}$）。

四、实验步骤

1. $AgNO_3$ 溶液的标定

准确称取 0.5~0.65g NaCl 基准物于小烧杯中，用蒸馏水溶解后，定量转入 100mL 容量瓶中，以水稀释至刻度，摇匀。

用移液管移取 25.00mL NaCl 溶液注入 250mL 锥瓶中，加入 25mL 水①，用吸量管加入 1mL K_2CrO_4 溶液，在不断摇动条件下，用 $AgNO_3$ 溶液滴定至呈现砖红色即为终点②。平行标定 3 份。根据 $AgNO_3$ 溶液的体积和 NaCl 的质量，计算 $AgNO_3$ 溶液的浓度。

2. 试样分析

准确称取 2g NaCl 试样于烧杯中，加水溶解后，定量转入 250mL 容量瓶中，用水稀释至刻度，摇匀。用移液管移取 25.00mL 试液于 250mL 锥形瓶中，加入 25mL 水，用 1mL 吸量管加入 1mL K_2CrO_4 溶液，在不断摇动条件下，用 $AgNO_3$ 标准溶液滴定至溶液出现砖红色即为终点。平行测定 3 份。计算试样中

---

① 沉淀滴定中，为减少沉淀对被测离子的吸附，一般滴定的体积以大些为好，故需加水稀释试液。

② 银为贵金属，含 AgCl 的废液应回收处理。

氯的含量。

实验完毕后，将装 AgNO$_3$ 溶液的滴定管先用蒸馏水冲洗 2~3 次后，再用自来水洗净，以免 AgCl 残留于管内。

五、数据记录与处理

将实验数据及计算结果填入表 6-1 和表 6-2。

表 6-1   **AgNO$_3$溶液的标定**

编　号	1	2	3
m_{NaCl}/g			
V_{NaCl}/mL			
V_{AgNO_3}/mL			
c_{AgNO_3}/mol · L^{-1}			
$\bar{c}_{AgNO_3}$/mol · L^{-1}			
相对偏差/%			
平均相对偏差/%			

表 6-2   **试样分析**

编　号	1	2	3
$m_{试样}$/g			
$V_{试样}$/mL			
V_{AgNO_3}/mL			
c_{AgNO_3}/mol · L^{-1}			
Cl^{-1}含量/%			
$\overline{Cl^{-1}}$含量/%			
相对偏差/%			
平均相对偏差/%			

六、思考题

1. 莫尔法测氯时，为什么溶液的 pH 值需控制在 6.5~10.5 之间？

2. 以 K_2CrO_4 作指示剂时，指示剂浓度过大或过小对测定有何影响？

3. 用莫尔法测定"酸性光亮镀铜液"（主要成分为 $CuSO_4$ 和 H_2SO_4）中的氯含量时，试液应做哪些预处理①。

---

① 陈香蓝，陈毓钟. 镀锌滚筒中阴极方式的改进[J]. 电镀与环保. 1990，10（2）：23-24.

实验31　可溶性氯化物中氯含量的测定
(佛尔哈德(Volhard)返滴定法)

一、实验目的

(1)学习 NH_4SCN 标准溶液的配制和标定。

(2)掌握用佛尔哈德返滴定法测定可溶性氯化物中氯含量的原理和方法。

二、实验原理

在含 Cl^- 的酸性试液中，加入一定量过量的 Ag^+ 标准溶液，定量生成 AgCl 沉淀后，过量 Ag^+ 以铁铵矾作指示剂，用 NH_4SCN 标准溶液回滴，由 $Fe(SCN)^{2+}$ 络离子的红色来指示滴定终点。主要包括下列沉淀反应和络合反应：

$Ag^+ + Cl^- = AgCl\downarrow$（白色）　　　　　$K_{sp} = 1.8 \times 10^{-10}$

$Ag^+ + SCN^- = AgSCN\downarrow$（白色）　　　$K_{sp} = 1.0 \times 10^{-12}$

$Fe^{3+} + SCN^- = Fe(SCN)^{2+}$（白色）　　$K_1 = 138$

指示剂用量大小对滴定有影响，一般控制 Fe^{3+} 浓度为 $0.015 mol \cdot L^{-1}$ 为宜。

滴定时，控制氢离子浓度为 $0.1 \sim 1 mol \cdot L^{-1}$，剧烈摇动溶液，并加入硝基苯(有毒)或石油醚保护 AgCl 沉淀，使其与溶液隔开，防止 AgCl 沉淀与 SCN^- 发生交换反应而消耗滴定剂。

测定时，能与 SCN^- 生成沉淀或生成络合物，或能氧化 SCN^- 的物质均有干扰。PO_4^{3-}，AsO_4^{3-}，CrO_4^{2-} 等离子，由于酸效应的作用而不影响测定。

佛尔哈德法常用于直接测定银合金和矿石中的银的质量分数。

三、主要试剂

(1) $AgNO_3$($0.1 mol \cdot L^{-1}$)：见实验30。

(2) NH_4SCN($0.1 mol \cdot L^{-1}$)：称取 3.8g NH_4SCN，用 500mL 水溶解后转入试剂瓶中。

(3)铁铵矾指示剂溶液($400 g \cdot L^{-1}$)。

(4) HNO_3(1+1)：若含有氮的氧化物而呈黄色时，应煮沸去除氮化合物。

(5)硝基苯。

(6)NaCl 试样：见实验30。

140

四、实验步骤

1. NH_4SCN 溶液的标定

用移液管移取 $AgNO_3$ 标准溶液 25.00mL 于 250mL 锥形瓶中，加入 5mL（1+1）HNO_3，铁铵矾指示剂 1.0mL，然后用 NH_4SCN 溶液滴定。滴定时，剧烈振荡溶液，当滴至溶液颜色为淡红色稳定不变时即为终点。平行标定 3 份。计算 NH_4SCN 溶液浓度。

2. 试样分析

准确称取约 2g NaCl 试样于 50mL 烧杯中，加水溶解后，定量转入 250mL 容量瓶中，稀释至刻度，摇匀。

用移液管移取 25.00mL 试样溶液于 250mL 锥形瓶中，加 25mL 水，5mL（1+1）HNO_3，用滴定管加入 $AgNO_3$ 标准溶液至过量 5～10mL（加入 $AgNO_3$ 溶液时，生成白色 AgCl 沉淀，接近计量点时，氯化银要凝聚，振荡溶液，再让其静置片刻，使沉淀沉降，然后加入几滴 $AgNO_3$ 到清液层，如不生成沉淀，说明 $AgNO_3$ 已过量，这时，再适当过量 5～10mL$AgNO_3$ 溶液即可）。然后，加入 2mL 硝基苯，用橡皮塞塞住瓶口，剧烈振荡 30s，使 AgCl 沉淀进入硝基苯层而与溶液隔开。再加入铁铵矾指示剂 1.0mL，用 NH_4SCN 标准溶液滴至出现的淡红色 $Fe(SCN)^{2+}$ 络合物稳定不变时即为终点。平行测定 3 份。计算 NaCl 试样中的氯的含量。

五、数据记录与处理

将实验数据及计算结果填入表 6-3 和表 6-4。

表 6-3　　　　　　　　　　　　NH_4SCN 溶液的标定

编　　号	1	2	3
c_{AgNO_3}/mol·L^{-1}			
V_{AgNO_3}/mL			
V_{NH_4SCN}/mL			
c_{NH_4SCN}/(mol·L^{-1})			
$\bar{c}_{NH_4SCN}$/(mol·L^{-1})			
相对偏差/%			
平均相对偏差/%			

表 6-4   试样分析

编　号	1	2	3
$m_{试样}/g$			
$V_{试样}/mL$			
V_{AgNO_3}/mL			
$c_{AgNO_3}/(mol \cdot L^{-1})$			
V_{NH_4SCN}/mL			
$c_{NH_4SCN}/mol \cdot L^{-1}$			
Cl^{-1} 含量/%			
$\overline{Cl^{-1}}$ 含量/%			
相对偏差/%			
平均相对偏差/%			

六、思考题

1. 佛尔哈德法测氯时，为什么要加入石油醚或硝基苯？当用此法测定 Br^-，I^-时，还需加入石油醚或硝基苯吗？

2. 试讨论酸度对佛尔哈德法测定卤素离子含量的影响。

3. 本实验溶液为什么用 HNO_3酸化？可否用 HCl 溶液或 H_2SO_4酸化？为什么？

4. 银合金用 HNO_3溶解后，以铁铵矾作指示剂，可用 NH_4SCN 标准溶液滴定，即可以佛尔哈德法直接测定银合金中银的含量。试讨论方法原理及有关条件。

实验 32　可溶性钡盐中钡含量的测定
（$BaSO_4$沉淀灼烧干燥恒重重量分析法）

一、实验目的

（1）了解测定 $BaCl_2 \cdot 2H_2O$ 中钡的含量的原理和方法。

（2）掌握晶形沉淀的制备、过滤、洗涤、灼烧及恒重的基本操作技术。

二、实验原理

$BaSO_4$重量法既可用于测定 Ba^{2+} 的含量，也可用于测定 SO_4^{2-} 的含量。

称取一定量的 $BaCl_2 \cdot 2H_2O$，以水溶解，加稀 HCl 溶液酸化，加热至微沸，在不断搅动的条件下，慢慢地加入稀、热的 H_2SO_4，Ba^{2+} 与 SO_4^{2-} 反应，形成晶形沉淀。沉淀经陈化、过滤、洗涤、烘干、炭化、灰化、灼烧后，以 $BaSO_4$形式称量。可求出 $BaCl_2 \cdot 2H_2O$ 中钡的含量。

Ba^{2+} 可生成一系列微溶化合物，如 $BaCO_3$，BaC_2O_4，$BaCrO_4$，$BaHPO_4$，$BaSO_4$等，其中以 $BaSO_4$ 溶解度最小，100mL 溶液中，100℃时溶解 0.4mg，25℃时仅溶解 0.25mg。当过量沉淀剂存在时，溶解度急剧减小，一般可以忽略不计。

硫酸钡重量法一般在 $0.05mol \cdot L^{-1}$ 左右盐酸介质中进行沉淀，这是为了防止产生 $BaCO_3$，$BaHPO_4$，$BaHAsO_4$沉淀以及防止生成 $Ba(OH)_2$共沉淀。同时，适当提高酸度，增加 $BaSO_4$在沉淀过程中的溶解度，以降低其相对过饱和度，有利于获得较好的晶形沉淀。

用 $BaSO_4$重量法测定 Ba^{2+} 时，一般用稀 H_2SO_4作沉淀剂。为了使 $BaSO_4$沉淀完全，H_2SO_4必须过量。由于 H_2SO_4 在高温下可挥发除去，故沉淀带下的 H_2SO_4不会引起误差，因此沉淀剂可过量 50%～100%。如果用 $BaSO_4$重量法测定 SO_4^{2-}，沉淀剂 $BaCl_2$只允许过量 20%～30%，因为 $BaCl_2$灼烧时不易挥发除去。$PbSO_4$，$SrSO_4$ 的溶解度均较小，Pb^{2+}，Sr^{2+} 对钡的测定有干扰。NO^{3-}，ClO^{3-}，Cl^- 等阴离子和 K^+，Na^+，Ca^{2+}，Fe^{3+} 等阳离子均可以引起共沉淀现象，故应严格控制沉淀条件，减少共沉淀现象，以获得纯净的 $BaSO^4$晶形沉淀。

三、主要试剂和仪器

（1）H_2SO_4（$1mol \cdot L^{-1}$，$0.1mol \cdot L^{-1}$）。

（2）HCl（$2mol \cdot L^{-1}$）。

（3）HNO$_3$（2mol · L^{-1}）。

（4）AgNO$_3$（0.11mol · L^{-1}）。

（5）BaCl$_2$ · 2H$_2$O（AR）。

（6）瓷坩埚（25mL 2~3 个）。

（7）定量滤纸（慢速或中速）。

（8）淀帚（1 把）。

（9）玻璃漏斗（2 个）。

四、实验步骤

1. 称样及沉淀的制备

准确称取两份 0.4~0.6g BaCl$_2$ · 2H$_2$O 试样，分别置于 250mL 烧杯中，加入约 100mL 水，3mL 2mol · L^{-1}HCl 溶液，搅拌溶解，加热至近沸。

另取 4mL 1mol · L^{-1}H$_2$SO$_4$两份于 2 只 100mL 烧杯中，加水 30mL，加热至近沸，趁热将两份 H$_2$SO$_4$ 溶液分别用小滴管逐滴地加入到两份热的钡盐溶液中，并用玻璃棒不断搅拌，直至两份 H$_2$SO$_4$ 溶液加完为止。待 BaSO$_4$ 沉淀下沉后，于上层清液中加入 1~2 滴 0.1mol · L^{-1}H$_2$SO$_4$溶液，仔细观察沉淀是否完全。沉淀完全后，盖上表面皿（切勿将玻璃棒拿出杯外），放置过夜陈化。也可将沉淀放在水浴或砂浴上，保温 40min 陈化。

2. 沉淀的过滤和洗涤

按前述操作，用慢速或中速滤纸倾泻法过滤。用稀 H$_2$SO$_4$（用 1mL 1mol · L^{-1}H$_2$SO$_4$加 100mL 水配成）洗涤沉淀 3~4 次，每次约 10mL。然后将沉淀定量转移到滤纸上，用沉淀帚由上到下擦拭烧杯内壁，并用折叠滤纸时撕下的小片滤纸擦拭杯壁，并将此小片滤纸放于漏斗中，再用稀 H$_2$SO$_4$洗涤 4~6 次，直至洗涤液中不含 Cl$^-$为止（检查方法：用试管收集 2mL 滤液，加 1 滴 2mol · L^{-1}HNO$_3$酸化，加入 2 滴 AgNO$_3$，若无白色浑浊产生，表示 Cl$^-$已洗净）。

3. 空坩埚的恒重

将两只洁净的瓷坩埚放在（800±20）℃的马弗炉中灼烧至恒重。第一次灼烧 40min，第二次后每次只灼烧 20min。灼烧也可在煤气灯上进行。

4. 沉淀的灼烧和恒重

将折叠好的沉淀滤纸包置于已恒重的瓷坩埚中，经烘干、炭化、灰化①

---

① 滤纸灰化时空气要充足，否则 BaSO$_4$易被滤纸的炭还原为灰黑色的 BaS，反应式为：BaSO$_4$+4C＝BaS+4CO↑，BaSO$_4$+4CO＝BaS+4CO$_2$↑。如遇此情况，可用 2~3 滴（1+1）H$_2$SO$_4$，小心加热，冒烟后重新灼烧。

后，置于 $(800 \pm 20)℃$①马弗炉中灼烧至恒重。计算 $BaCl_2 \cdot 2H_2O$ 中钡的含量。

五、思考题

1. 为什么要在稀热 HCl 溶液中且不断搅拌条件下逐滴加入沉淀剂沉淀 $BaSO_4$？HCl 加入太多有何影响？

2. 为什么要在热溶液中沉淀 $BaSO_4$，但要在冷却后过滤？晶形沉淀为何要陈化？

3. 什么叫倾泻法过滤？洗涤沉淀时，为什么用洗涤液或水都要少量、多次？

4. 什么叫灼烧至恒重？

---

① 灼烧温度不能太高，如超过 950℃，可能有部分 $BaSO_4$ 分解：$BaSO_4 = BaO + SO_3\uparrow$。

实验 33　可溶性钡盐中钡含量的测定
（$BaSO_4$沉淀微波干燥恒重重量法）

一、实验目的

在实验 32 的基础上，了解和学习利用微波炉干燥恒重 $BaSO_4$ 沉淀，进行可溶性钡盐中钡含量的重量法测定。

二、实验原理

本实验采用微波炉干燥恒重 $BaSO_4$ 沉淀，样品内外同时加热，不需要传热过程。加热迅速，均匀，瞬时可达较高温度；同时，设备对环境几乎不辐射热量。改善了工作条件，节省大量时间，结果也有很好的准确度和精密度。

若沉淀中包藏有 H_2SO_4 等高沸点杂质，利用微波加热技术干燥 $BaSO_4$ 沉淀过程中杂质难以分解或挥发。因此，对沉淀条件和洗涤操作等的要求更高，主要包括将含 Ba^{2+} 试液进一步稀释，过量沉淀剂（H_2SO_4）控制在 20% ~ 50% 以内等。

三、主要仪器和试剂

（1）微波炉
（2）循环水真空泵（配抽滤瓶）
（3）G_4 号（或 P_{16} 号）微化玻璃坩埚

四、实验步骤

新制备的 $BaSO_4$ 沉淀陈化后，用在微波炉中恒重的 G_4 号微化玻璃坩埚在减压下过滤和洗涤。然后将盛沉淀的坩埚在微波炉内进行干燥（第一次 10min，第二次 4min），转入干燥器中冷却至室温（10~15min），称重，重复操作直至恒重。计算试样中钡的含量。

五、注意事项

（1）洁净的 G_4 号微化玻璃坩埚，用真空泵抽 2min 以除去玻璃砂板微孔中的水分，便于干燥。置于微波炉中，于 500W（中高温挡）的输出功率下进行干燥，第一次 10min，第二次 4min。每次干燥后置于干燥器中冷却 10～15min（刚放进时留一小缝隙，约 30s 后再盖严），然后在电子分析天平上快速称重。要求两次干燥后称量所得质量之差不超过 0.4mg（即已恒重）。

（2）循环水真空泵及微波炉的使用方法与注意事项，由指导老师讲授或参考有关的说明书。

六、思考题

1. 微波加热技术在分析化学（例如分解试样和烘干样品等）中的应用有哪些优越性？

2. 如何科学合理地进行本实验以充分体现微波加热技术在重量分析中的应用特点？

参考文献

1. 徐文国，等．微波加热技术在重量分析中的应用［J］．分析化学，1992，20（11）：1291.

2. 北京大学化学系分析化学教学组．基础分析化学实验［M］．2 版．北京：北京大学出版社，1997：197.

实验 34 钢铁中镍含量的测定
(丁二酮肟有机试剂沉淀重量分析法)

一、实验目的

(1)了解丁二酮肟镍重量法测定镍的原理和方法。
(2)掌握用玻璃坩埚过滤等重量分析法基本操作。

二、实验原理

丁二酮肟是二元弱酸(以 H_2D 表示),离解平衡为

$$H_2D \underset{+H^+}{\overset{-H^+}{\rightleftharpoons}} HD^- \underset{+H^+}{\overset{-H^+}{\rightleftharpoons}} D^{2-}$$

其分子式为 $C_4H_8O_2N_2$,摩尔质量为 $1162g \cdot mol^{-1}$。研究表明,只有 HD^- 状态才能在氨性溶液中与 Ni^{2+} 发生沉淀反应:

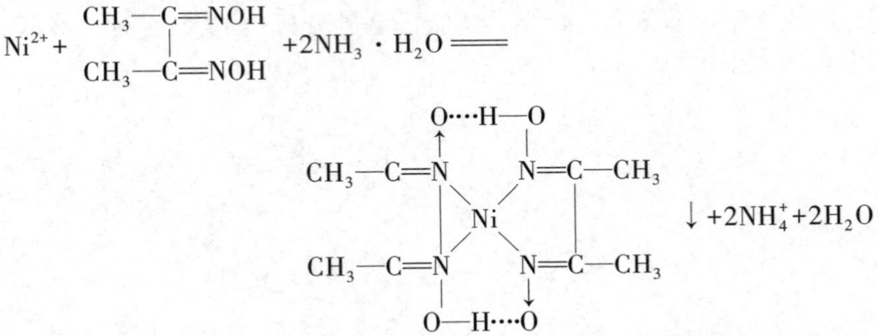

经过滤,洗涤,在 120℃ 下烘干至恒重,称得丁二酮肟镍沉淀的质量 $m_{Ni(HD)_2}$,以下式计算 Ni 的质量分数:

$$\omega_{Ni} = \frac{m_{Ni(HD)_2} \times \frac{M_{Ni}}{M_{Ni(HD)_2}}}{m_s}$$

本法沉淀介质的酸度为 pH=8~9 的氨性溶液。酸度大,生成 H_2D,使沉淀溶解度增大,酸度小,由于生成 D^{2-},同样将增加沉淀的溶解度。氨浓度太高,会生成 Ni^{2+} 的氨络合物。

丁二酮肟是一种高选择性的有机沉淀剂,它只与 Ni^{2+},Pd^{2+},Fe^{2+} 生成沉淀。Co^{2+},Cu^{2+} 与其生成水溶性络合物,不仅会消耗 H_2D,且会引起共沉淀现

象。当 Co^{2+}，Cu^{2+} 含量高时，最好进行二次沉淀或预先分离。

由于 Fe^{3+}，Al^{3+}，Cr^{3+}，Ti^{4+} 等离子在氨性溶液中生成氢氧化物沉淀，干扰测定，故在溶液加氨水前，需加入柠檬酸或酒石酸络合剂，使其生成水溶性的络合物。

三、主要试剂和仪器

（1）混合酸 $HCl+HNO_3+H_2O(3+1+2)$。

（2）酒石酸或柠檬酸溶液（$500g \cdot L^{-1}$）。

（3）丁二酮肟（$10g \cdot L^{-1}$）乙醇溶液。

（4）氨水（1+1）。

（5）HCl（1+1）。

（6）HNO_3（$2mol \cdot L^{-1}$）。

（7）$AgNO_3$（$0.1mol \cdot L^{-1}$）。

（8）氨-氯化铵洗涤液：每 100mL 水中加入 1mL 氨水和 1g NH_4Cl。

（9）G_4 号微孔玻璃坩埚。

（10）钢铁试样。

四、实验步骤

准确称取试样（含 Ni30～80mg）两份（Ni 要适当，不能过多，否则沉淀过多，操作不便），分别置于 500mL 烧杯中，加入 20～40mL 混合酸，盖上表面皿，低温加热溶解后，煮沸除去氮的氧化物①，加入 5～10mL 酒石酸溶液（每克试样加入 10mL），然后，在不断搅动的条件下，滴加（1+1）氨水至溶液 pH=8～9，此时溶液转变为蓝绿色。如有不溶物，应将沉淀过滤，并用热的氨-氯化铵洗涤液洗涤沉淀数次（洗涤液与滤液合并）。滤液用（1+1）HCl② 酸化，用热水稀释至约 300mL，在不断搅拌的条件下加热至 70～80℃③，加入

———————————

① 采用冶金部标准方法溶解试样时，先用 HCl 溶解后，滴加 HNO_3 氧化，再加 $HClO_4$ 至冒烟，以破坏难溶的碳化物。国际标准法（ISO）则用王水溶解，操作方法更详细。本实验略去 $HClO_4$ 的冒烟操作。

② 在酸性溶液中加入沉淀剂，再滴加氨水使溶液的 pH 值逐渐升高，沉淀随之慢慢析出，这样能得到颗粒较大的沉淀。

③ 溶液温度不宜过高，否则乙醇挥发太多，引起丁二酮肟本身的沉淀，且高温下柠檬酸或酒石酸能部分还原 Fe^{3+} 为 Fe^{2+}，对测定有干扰。

$10\text{g} \cdot \text{L}^{-1}$ 丁二酮肟乙醇溶液沉淀 Ni^{2+}(每毫克 Ni^{2+} 约需 1mL $10\text{g} \cdot \text{L}^{-1}$ 的丁二酮肟溶液),最后再多加 $20 \sim 30\text{mL}$。但所加试剂的总量不要超过试液体积的 $1/3$,以免增大沉淀的溶解度。然后在不断搅拌的条件下,滴加(1+1)氨水,使溶液的 pH 值为 $8 \sim 9$。在 $60 \sim 70℃$ 下保温 $30 \sim 40\text{min}$。取下,稍冷后,用已恒重的 G_4 号微孔玻璃坩埚进行减压过滤,用微氨性的 $20\text{g} \cdot \text{L}^{-1}$ 酒石酸溶液洗涤杯和沉淀 $8 \sim 10$ 次,再用温热水洗涤沉淀至无 Cl^- 离子为止(检查 Cl^- 时,可将滤液以稀 HNO_3 酸化,用 $AgNO_3$ 检查)。将带有沉淀的微孔玻璃坩埚置于 $130 \sim 150℃$ 烘箱中烘 1h,冷却,称量,再烘干,称量,直至恒重为止(对丁二酮肟镍沉淀的恒重,可视两次质量之差不大于 0.4mg 时为符合要求)。根据丁二酮肟镍的质量,计算试样中镍的含量。

实验完毕,微孔玻璃坩埚以稀盐酸溶液洗涤干净。

五、思考题

1. 溶解试样时加入 HNO_3 的作用是什么?

2. 为了得到纯净的丁二酮肟镍沉淀,应选择和控制好哪些实验条件?

3. 重量法测定镍,也可将丁二酮肟镍灼烧成氧化镍称量(至恒重)。这与本方法相比较哪种方法较为优越?为什么?

实验35 沉淀滴定法方案设计实验

一、法扬司(Fajans)法测定氯化物中的氯含量

法扬司法又称为吸附指示法。它可以测定试样中的 Cl^-，Br^-，I^-，SCN^- 离子的含量。AgX（X 代表 Cl^-，Br^-，I^- 和 SCN^-）胶体沉淀具有强烈的吸附作用，能选择性地吸附溶液中的离子，首先是构晶离子。对 $AgCl$ 沉淀而言，若溶液中 Cl^- 过量，则沉淀表面吸附 Cl^-，使胶粒带负电荷。吸附层中的 Cl^- 过量，则沉淀表面吸附 Cl^-，使胶粒带负电荷。吸附层中的 Cl^- 能疏松地吸附溶液中的阳离子(抗衡离子)组成扩散层。相反，当溶液中 Ag^+ 过量，则沉淀表面吸附 Ag^+，使胶粒带正电荷，而溶液中的阴离子则作为抗衡离子而主要存在于扩散层中。

滴定终点可用二氯荧光黄($pKa=4$)等有机染料来指示。

当二氯荧光黄(以 HIn 表示，其离解的阴离子 In^- 为黄绿色)被吸附在胶体表面后，可能由于形成某种化合物而导致分子结构的变化，从而引起颜色的变化。因此，在滴定过程中，终点前后沉淀结构的变化可用下面两个方程来表示：

$$3Ag^+ + 2NO_3^- + AgCl + Cl^- \mid Na^+(固) = 2AgCl \cdot Ag^+ \mid NO_3^- \downarrow + Na^+ \quad (6\text{-}1)$$

$$\underset{(黄色)}{AgCl \cdot Ag^+ \mid NO_3^-(固)} + HIn = \underset{(红色)}{AgCl \cdot Ag^+ \mid In^-} + H^+ + NO_3^- \quad (6\text{-}2)$$

滴定酸度的控制由指示剂的解离常数 Ka 和 Ag^+ 的水解酸度决定。应用二氯荧光黄指示剂时，虽然可在 pH 值为 $4\sim10$ 范围内进行，但要注意当 pH 值太高时，指示剂 In^- 阴离子形式浓度较大，势必导致化学计量点前，会有一些 In^- 与 $AgCl \cdot Cl^-$ 吸附层中的 Cl^- 交换，致使终点颜色变化不明显。

为了保持 $AgCl$ 沉淀尽量呈胶体状态，可加入糊精或聚乙烯醇溶液。

可用基准 NaCl 标定 $AgNO_3$ 溶液的浓度。

二、醋酸银溶度积的测定

醋酸银($AgAc$)溶度积的测定可用微量滴定管，以佛尔哈德直接滴定法完成。其基本原理是：

醋酸银是一种微溶性的强电解质，在一定温度下，饱和的 $AgAc$ 溶液存在下列平衡：

$$AgAc = Ag^+ + Ac^-$$

$$K_{sp,AgAc} = [Ag^+][Ac^-] \tag{6-3}$$

当温度一定时，K_{sp}不随$[Ag^+]$和$[Ac^-]$的变化而改变。因此，测出饱和溶液中 Ag^+ 和 Ac^- 的浓度，即可求出该温度时的 K_{sp}。

本实验以铁铵矾作指示剂，用 NH_4SCN 标准溶液进行沉淀滴定，测定饱和溶液中 Ag^+ 的浓度，此即佛尔哈德直接滴定法：

$$SCN^- + Ag^+ = AgSCN$$

$$K_{sp} = [Ag^+][SCN^-] = 1.0 \times 10^{-12}$$

而 $$SCN^- + Fe^{3+} = FeSCN^{2+}$$

$$K_{稳} = \frac{[FeSCN^{2+}]}{[SCN^-][Fe^{3+}]} = 8.9 \times 10^2$$

当 Ag^+ 全部沉淀后，溶液中 $[SCN^-] = 10^{-6} mol \cdot L^{-1}$，而人眼能观察到 $FeSCN^{2+}$ 红色时，浓度约为 $10^{-5} mol \cdot L^{-1}$，则要求 $[SCN^-]$ 约为 $2 \times 10^{-5} mol \cdot L^{-1}$，必须在 Ag^+ 全部转化为 $AgSCN$ 白色沉淀后再过量半滴(约 $0.02mL$)才能使 $[SCN^-]$ 达到 $2 \times 10^{-5} mol \cdot L^{-1}$，因而可用铁铵矾作指示剂测定 Ag^+ 浓度。

AgAc 饱和溶液中 $[Ac^-]$ 的计算：设 $AgNO_3$ 溶液的浓度为 c_{Ag^+}，NaAc 溶液的浓度为 c_{Ac^-}，$AgNO_3$ 溶液(V_{Ag^+})与 NaAc 溶液(V_{Ac^-})混合后总体积为 $V_{Ag^+} + V_{Ac^-}$ (混合后体积变化忽略不计)。用佛尔哈德法测出 AgAc 饱和溶液中的 Ag^+ 浓度为 $[Ag^+]$，则 AgAc 饱和溶液中 $[Ac^-]$ 的浓度为

$$[Ac^-] = \frac{c_{Ac^-}V_{Ac^-} - c_{Ag^+}V_{Ag^+}}{V_{Ac^-} + V_{Ag^+}} + [Ag^+] \tag{6-4}$$

将测得的$[Ag^+]$与(6-4)式计算得到的$[Ac^-]$代入(6-3)式求得$K_{sp,AgAc}$。

第七章 常用分离方法实验

实验36 水中铬离子的分离及测定
(离子交换分离法及氧化还原容量法)

一、实验目的

(1)掌握离子交换分离法的基本原理及操作步骤。

(2)学会处理废水的方法。

二、实验原理

铬及其化合物广泛地用于冶金、纺织、颜料以及印染和制革等行业,从而构成环境中铬的来源。当饮用水中六价铬含量达到 $0.1\text{mg} \cdot \text{L}^{-1}$ 以上的浓度时,就会危及人们的身体健康,导致病变、畸胎、突变。国家饮用水标准规定 Cr^{6+} 含量低于 $0.05\text{mg} \cdot \text{L}^{-1}$。这样低的含铬量,一般方法不易测出,可用离子交换法加以富集,并和其他元素分离,测出铬的含量。此法也可用来处理含铬废水,并回收铬。废水中的 Cr^{6+} 以 CrO_4^{2-} 和 $Cr_2O_7^{2-}$ 的状态存在,它可与强碱性阴离子交换树脂发生交换作用:

$$2R-N(CH_3)_3OH + Cr_2O_7^{2-} = [R-N(CH_3)_3]_2Cr_2O_7 + 2OH^-$$

交换之后用水洗涤后再用 $2\text{mol} \cdot \text{L}^{-1}$ NaOH 或 $2\text{mol} \cdot \text{L}^{-1}$ KOH 溶液洗脱并使树脂再生:

$$[R-N(CH_3)_3]_2Cr_2O_7^{2-} + 4OH = 2R-N(CH_3)_3]_2OH + 2CrO_4^{2-} + H_2O$$

洗脱下来的 CrO_4^{2-} 经酸化后转变为 $Cr_2O_7^{2-}$:

$$2CrO_4^{2-} + 2H^+ = Cr_2O_7^{2-} + H_2O$$

最后用亚铁盐标准溶液测定六价铬的含量。

三、主要试剂和仪器

(1) HCl(2mol·L^{-1})。

(2) NaOH(2mol·L^{-1})。

(3) 717#碱性阴离子交换树脂。

(4) 离子交换柱(可用酸式滴定管代替)。

(5) 玻璃棉(用 HCl 处理后，洗至中性，浸泡水中)。

四、实验步骤

1. 树脂的处理

将 717#型阴离子交换树脂先用 2mol·L^{-1}HCl 浸泡 24h，倾出 HCl 溶液，用水洗至 pH=6，再用 2mol·L^{-1}NaOH 溶液浸泡 24h，使树脂转变为 OH 型，倾出 NaOH 溶液，然后用水漂洗使树脂溶胀并除去杂质，浸泡于水中备用。

2. 装柱

交换柱(可用酸式滴定管代替)洗涤干净后，将玻璃棉搓成花生米粒大小的小球，用圆头长玻璃棒将其送入交换柱底部，并使玻璃棉平整，再加入 10mL 蒸馏水。再打开活塞将树脂和水一起边搅拌边倒入交换柱中，树脂在水中沉降后，应均匀、无气泡。装至柱高 16cm 左右，打开活塞，放出多余的水，树脂床上面应保持 1cm 左右的水液面，并用水洗至 pH=7~9，即可进行交换。

3. 交换

将一定体积的废水过滤除去机械杂质和悬浮物。加酸调节 pH<4 左右后，即可加入到交换柱上，以 1mL·min^{-1}的流速进行交换。

4. 洗脱和再生

用 20mL 水洗涤换柱上残留的废液。加入 10mL 2mol·L^{-1}NaOH 溶液进行洗脱并再生，再生流速一般为 0.1mL·min^{-1}较为合适。再生完毕后，用水洗涤至 pH=7~9 为止。

5. 测定

洗脱液在 H$_2$SO$_4$酸化后，用氧化还原滴定法，以二苯胺磺酸钠为指示剂，以亚铁标准溶液滴定并计算出铬的含量。

五、数据记录与处理

将实验数据及计算结果填入表 7-1。

表 7-1

$C_{Fe^{2+}}/(mol/L)$	I	II	III
洗脱液的体积/mL			
亚铁标液消耗体积/mL			
铝的含量/$(mg \cdot L^{-1})$			
铝的平均含量/$(mg \cdot L^{-1})$			
相对偏差			

六、注意事项

（1）如果树脂中间发现气泡，可加水至高于液面 4~5cm，用长玻璃棒搅拌排除气泡，也可反复倒置交换柱，排除气泡。

（2）交换以后应立即进行再生，防止树脂被 $Cr_2O_7^{2-}$ 氧化破坏，并生成 Cr^{3+}，影响测定结果。

七、思考题

1. 离子交换树脂使用前为什么要先用酸、碱溶液浸泡？
2. 交换柱直径大小以及流速快慢对分离有什么影响？

实验37　钴、锌离子交换分离及测定

一、实验目的

(1)了解离子交换树脂在定量分离中的应用。
(2)掌握离子交换树脂的交换分离原理和操作方法。
(3)掌握 Co^{2+}、Zn^{2+} 的离子交换分离及含量的测定方法。

二、实验原理

Co^{2+}、Zn^{2+} 在 $3\sim4mol\cdot L^{-1}$ HCl 溶液中，可形成 $CoCl^+$ 和 $ZnCl_4^{2-}$（络阴离子）。当此溶液通过强碱性阴离子交换树脂时，$ZnCl_4^{2-}$ 被交换在树脂上，而 $CoCl^+$ 不被交换，仍留在试液中。当用 $3\sim4mol\cdot L^{-1}$ HCl 淋洗树脂床时，$CoCl^+$ 即从交换柱中流出，收集之。待 $CoCl^+$ 全部流出后，再用蒸馏水洗脱 Zn^{2+}，同样收集之，用于组分含量的测定。

Co^{2+}、Zn^{2+} 离子的含量，可以分别用 EDTA 返滴定方法测定。先加入过量 $ZnCl_2$ 标准溶液，以二甲酚橙为指示剂，再用 EDTA 标准溶液回滴过量 $ZnCl_2$，根据实验数据，分别计算 Co^{2+}、Zn^{2+} 的含量。

三、仪器和试剂

(1)交换柱(1cm×30cm)或 25mL 滴定管代替。
(2)1mL 吸量管。
(3)长玻璃棒(长 35cm)。
(4)棉花或玻璃毛。
(5)Co^{2+}溶液(约含 Co^{2+}100mg $\cdot$ L^{-1})。
(6)Zn^{2+}溶液(约含 Zn^{2+}100mg $\cdot$ L^{-1})。
(7)Co^{2+}、Zn^{2+} 混合液(10ml Co^{2+} 溶液 +10mLZn^{2+} 溶液 +80mL 6mol $\cdot$ L^{-1} HCl)。
(8)HCl 溶液 $3mol\cdot L^{-1}$。
(9)NaOH 溶液 $6mol\cdot L^{-1}$。
(10)二甲酚橙水溶液 $5g\cdot L^{-1}$。
(11)酚酞乙醇溶液 $2g\cdot L^{-1}$。
(12)$0.02mol\cdot L^{-1}$EDTA 标准溶液。

（13）0.02mol·L⁻¹ZnCl₂标准溶液。

（14）Co²⁺的检验试剂：KSCN 固体，丙酮。

（15）Zn²⁺的检验试剂：0.15mol·L⁻¹的（NH₄）₂Hg（SCN）₄溶液，0.2g·L⁻¹ CuSO₄溶液，点滴板。

（16）强碱性阴离子树脂。

四、实验步骤

1. 树脂的处理与装柱

a. 树脂处理

取强碱性阴离子树脂于烧杯中，加 3mol·L⁻¹HCl 溶液浸泡一夜。倾去盐酸溶液，用蒸馏水洗 2~3 次，浸于蒸馏水中备用。

b. 装柱

交换柱洗净后，若交换柱底部没有垫板，则取少许棉花，用长玻璃棒轻轻将其推到交换柱底部。取上述处理过的树脂于小烧杯中，连同浸泡液一起转入交换柱中，并用长玻璃棒将树脂稍稍压紧。将液面调至树脂床上 0.5cm 处，用 3mol·L⁻¹HCl（约 30mL），控制流速为 1mL/min 淋洗树脂柱。最后，使液面下降至接近树脂层时，旋紧螺旋夹。

特别要注意的是：在装柱过程中，树脂床不能暴露出水面，否则将有气泡夹杂在其中，影响交换反应；若发现液面低于树脂层，则必须重新装柱。

2. 进样

用 1mL 吸量管吸取 1.00mL 钴锌混合液，将吸量管伸入交换柱中，接近树脂面时，慢慢加入柱中。

3. Co²⁺的洗脱

置一锥形瓶于交换柱出口下端，用小吸管分多次加入总体积约为 30mL 的 3mol·L⁻¹HCl，控制流速为 0.5mL/min（注意，流速不能过快，否则 ZnCl₄²也可能流出）。洗脱接近完成时，用点滴板接取一滴洗出液，加数滴 KSCN 溶液和 1 滴丙酮，不显示蓝色，表示 Co²⁺已完全洗脱，锥瓶承接的洗脱液用于测钴。

4. Zn²⁺的洗脱

交换柱下端放另一干净锥形瓶，用 80mL 蒸馏水，以 1~2mL/min 的流速洗脱 Zn²⁺。洗脱快完成时，用点滴板取 1 滴洗脱液，加 1 滴 CuSO₄溶液和 1 滴（NH₄）₂Hg（SCN）₄溶液，不显示紫色，则表示 Zn²⁺已洗脱完全。洗脱液用于测锌。

5. 测定

a. Co²⁺含量的测定

用小量杯加入 10~15mL 6mol·L⁻¹NaOH 于 Co²⁺洗脱液中,充分摇匀后,继续用小滴管滴加 6mol·L⁻¹NaOH 溶液至刚有蓝绿色沉淀产生(此时 pH 为 6~7)。改用 3mol·L⁻¹HCl 滴至溶液澄清(注意每加入一滴都要充分摇匀,加入 4~5 滴沉淀即可消失)。

用滴定管准确加入 20.00ml 0.02mol/L EDTA 标准溶液,再加入 15mL pH=5~6 的 HAC-NaAC 缓冲溶液(此时试液呈现 Co²⁺与 EDTA 的配合物颜色浅红色。)加入 2~4 滴二甲酚橙指示剂,溶液呈黄色(若呈粉红色,说明溶液 pH>6.3,应滴加 3mol/L HCl 至刚变黄色),用 ZnCl₂标准溶液滴定至橙红色为终点。记下消耗锌标准溶液的体积。

b. Zn²⁺的测定

在 Zn²⁺的洗脱液中,加入 2 滴酚酞指示剂,滴加 6mol·L⁻¹NaOH 至溶液刚变红色(此时试液的 pH 为 8~9,有沉淀产生),改用 3mol·L⁻¹HCl 滴至沉淀刚消失(此时 pH=5~6)。用滴定管加入 20.00mL 0.02mol·L⁻¹EDTA 标准溶液,加入 15mL pH=5~6 的 HAC-NaAC 缓冲溶液,加入 2 滴二甲酚橙指示剂(此时溶液呈明显澄清黄色),用 0.02mol·L⁻¹锌标准溶液滴定至橙红色为终点。记下消耗锌标准溶液的体积。

五、数据记录与处理

1. 表格

将实验数据填入表 7-2。

表 7-2

	Co²⁺	Zn²⁺
$c_{EDTA}/(mol/L)$		
V_{EDTA}/ml		
$c_{ZnCl_2}/(mol/L)$		
V_{ZnCl_2}/ml		
含量/(mg/ml)		

2. 计算公式

$$Co = (c_{EDTA}V_{EDTA} - c_{ZnCl_2}V_{ZnCl_2})M_{Co} \qquad mg/mL$$

$$Zn = (c_{EDTA}V_{EDTA} - c_{ZnCl_2}V_{ZnCl_2})M_{Zn} \qquad mg/mL$$

六、思考题

1. 离子交换树脂的量、交换柱直径大小和流速快慢对分离有何影响？

2. 离子交换树脂装柱时应注意哪些问题？

3. 为什么要用 $3 \sim 4 mol \cdot L^{-1}$ 的 HCl 来洗脱 $CoCl^+$，可否用更稀的酸或用去离子水代之？

4. 在对 Co^{2+} 和 Zn^{2+} 洗脱液进行滴定前的处理有什么不同？怎样才能把滴定前的预处理做好？

实验 38　铁矿中镍含量的测定(萃取分离–吸光光度法测定)

一、实验目的

(1)掌握萃取分离的基本操作。

(2)了解吸光光度法测定镍含量的原理及方法。

二、实验原理

丁二酮肟在微酸性(pH>5.5)、中性、弱碱性溶液中和镍生成微溶于水的螯合物,该螯合物能溶于乙醇、氯仿、四氯化碳等有机溶剂。采用 $CHCl_3$ 萃取丁二酮肟镍的螯合物,可使镍和铜、钴、锰分离,最后用 $0.5mol \cdot L^{-1}$ HCl 从螯合物的有机溶剂中反萃取镍,再用丁二酮肟显色测定。

三、主要试剂和仪器

(1)镍标准贮备溶液:准确称取 $NiCl_2 \cdot 6H_2O$ 试剂 2.025g,置于干燥的 100mL 烧杯中,加入浓 HCl 10mL,二次蒸馏水 50mL,溶解后转入 500mL 容量瓶中,再加入浓 HCl 150mL,用二次蒸馏水定容后摇匀。此溶液含 Ni^{2+} $1.00mg \cdot mL^{-1}$。

(2)镍标准操作液:用移液管移取贮备液 10mL 于 1000mL 容量瓶中,用二次蒸馏水稀释至刻度,摇匀,此溶液含 Ni^{2+} $1.0mg \cdot mL^{-1}$。

(3)柠檬酸三钠($100g \cdot L^{-1}$)。

(4)丁二酮肟($10g \cdot L^{-1}$)乙醇溶液。

(5)酒石酸钾钠($200g \cdot L^{-1}$)。

(6)HCl($0.5mol \cdot L^{-1}$)。

(7)氨水($8mol \cdot L^{-1}$, $0.5mol \cdot L^{-1}$)。

(8)氯仿或四氯化碳。

(9)乙酸铵缓冲液(pH=9):称取乙酸铵 104g 溶于 800mL 水中,用氨水调至 pH=9,稀释至 100mL。

(10)丁二酮肟 NaOH 溶液:$10g \cdot L^{-1}$ 丁二酮肟溶于 $50g \cdot L^{-1}$ NaOH 溶液中。

(11)酚酞($2g \cdot L^{-1}$)乙醇溶液。

(12)分液漏斗(100mL)。

(13)721 或 7220 型分光光度计。

四、实验步骤

1. 试样的溶解

准确称取已粉碎试样 0.2~1g(视镍含量而定),用少量水润湿后,加入浓 HCl 120mL,加热数分钟使硫化物分解除去,再加入浓 HNO_3 5mL,煮沸溶解。然后,加入浓 H_2SO_4 5mL,冒烟,稍冷却后加水 30mL,煮沸溶解盐类。转入 100mL 容量瓶中,用水稀释至刻度,摇匀。

2. 镍含量的测定

a. 标准曲线的制作

移取 Ni^{2+} 10mg·mL^{-1} 标准溶液 0.00,2.00,4.00,6.00,8.00,10.00,12.00mL 分别置于 100mL 分液漏斗中,分别加入柠檬酸钠 10mL,酚酞指示剂 1 滴,用 8mol·L^{-1} 氨水调至溶液呈红色,加入缓冲溶液 20mL,丁二酮肟 10mL,摇匀,放置 5min,用 10mL 氯仿萃取 1min。合并有机相,用 0.5mol·L^{-1} 氨水每次 10mL 洗涤有机相 2 次,用 0.5mol·L^{-1}HCl 每次 10mL、5mL 反萃取 2 次,将反萃取液转入 50mL 容量瓶中,加酒石酸钾钠溶液 5mL,NaOH 溶液 6~7mL,50g·L^{-1} 过硫酸铵 5mL,丁二酮肟 NaOH 溶液 5mL,用水稀释至刻度,摇匀。放置 10min,用 1cm 比色皿,以试剂为空白,在 530nm 波长处,测量各溶液的吸光度,以含镍量为横坐标,吸光度 A 为纵坐标,绘制标准曲线。

b. 试样中镍含量的测定

准确移取 10~25mL(视含镍量而定)试液于 100mL 分液漏斗中,按标准曲线的制作步骤测量吸光度。从标准曲线上查出并计算镍在试样中的百分含量,试样测定和标准曲线的制作可同时进行。

五、思考题

1. 萃取分层后为何要用 0.5mol·L^{-1} 氨水洗涤?
2. 加入过硫酸铵的作用是什么?

实验 39　纸层析法分离食用色素

一、实验目的

(1)了解纸层析法分离食用色素的原理。

(2)掌握样品中色素的富集及测定方法。

二、实验原理

纸层析法是以滤纸作为支撑体的分离方法，利用滤纸吸湿的水分作固定相，有机溶剂作流动相。流动相由于毛细作用自下而上移动，样品中的各组分将在两相中不断进行分配，由于它们的分配系数不同，不同溶质随流动相移动的速度不等，因而形成与原点距离不同的层析点，达到分离的目的。各组分在滤纸上移动的情况用 R_f 表示。在一定条件下(如温度，溶剂组成，滤纸质量等) R_f 值是物质的特征值，故可根据 R_f 作定性分析。影响 R_f 值的因素较多，因此，在分析工作中最好用各组分的标准样品作对照。

$$R_f = \frac{b(原点到层析点中心的距离)}{a(原点到溶剂前沿的距离)} \quad 0 \leqslant R_f \leqslant 1$$

本实验用于饮料中合成色素的分离，由于饮料同时使用几种色素，样品处理后，在酸性条件下，用聚酰胺吸附人工合成色素，而与蛋白质、淀粉、脂肪、天然色素分离，然后在碱性条件下，用适当的解吸溶液使色素解吸出来。由于不同色素的分配系数不同，R_f 就不同，可对其分离鉴别。

三、主要试剂与仪器

(1)色素标准溶液：胭脂红($5g \cdot L^{-1}$)；柠檬黄($5g \cdot L^{-1}$)；日落黄($5g \cdot L^{-1}$)。

(2)展开剂：正丁醇　无水乙醇 $200g \cdot L^{-1}$ 氨水(6：2：3)。

(3)柠檬酸溶液($200g \cdot L^{-1}$)。

(4)聚酰胺粉(尼龙 6200 目)：预先在 105℃ 温度下活化 1h。

(5)丙酮(原装)。

(6)丙酮氨水溶液：90mL 丙酮与 100mL 浓氨水混合均匀。

(7)砂芯漏斗(G2 或 G3)。

(8)层析缸：15cm×30cm($\varphi × h$)。

（9）层析纸：10cm×27.5cm（$w \times h$）。

（10）微型注射器（或毛细管直径1mm）。

四、实验步骤

1. 样品处理

取除去 CO_2 的橙汁饮料 50mL 于 100mL 烧杯中，用柠檬酸溶液调 pH＝4。

2. 吸附分离

称取聚酰胺 0.5～1.0g 于 100mL 烧杯中，加少量水调成均匀糨糊状，倒入上述已处理的温度为 70℃ 的样品溶液中，充分搅拌，使样液中色素完全被吸附（聚酰胺粉不足可补加）。将聚酰胺粉沉淀物全部转入砂芯漏斗中抽滤，用 pH＝4，温度为 70℃ 的水洗涤沉淀物，洗涤时充分搅拌，再用 20mL 丙酮溶液分两次洗涤沉淀物，以除去样品中的油脂等物。再用 200mL70℃ 水洗涤沉淀，至洗下的水与原来水的 pH 值相同为止。前后洗涤过程中必须充分搅拌。

用丙酮氨溶液约 30mL 分数次解吸色素。将色素解吸置于小烧杯中，用柠檬酸调节至 pH＝6，再在水浴上蒸发浓缩至 5mL 留作点样用。

a. 点样

在层析纸下端 2.5cm 处用铅笔画一横线，在线上等距离画上 1，2，3，4 四个等距离的点，1，2，3 号分别用毛细管将胭脂红、柠檬黄和日落黄色素标准溶液点出直径为 2mm 的扩散原点，在 4 号点点样时每点完一次须用电吹风吹干，再在原位置上重新点上样品溶液 10μL。

b. 展开分离

将点好样的滤纸晾干后，用挂钩悬挂在层析筒盖上，放入已盛有展开剂的层析筒中，滤纸应挂平直，原点应离开液面 1cm，保持温度 20℃，密封层析筒，按上行法展开。当展开剂前沿滤纸上升到 12cm 处时，将滤纸取出，在空气中自然晾干。量出各斑心的中点到原点中心的距离，计算 R_f 值，若 R_f 值相同，色泽相似，表示被测色素与标准色素为同一色素。

五、注意事项

1. 因聚酰胺是高分子化合物，在酸性介质中才能吸附酸性色素，为防止色素分解，水要保持酸性。

2. 分子中酰胺链能与色素中磺酸基以氢键的形式结合，所以吸附时也要求一定的温度与时间。

六、思考题

1. 纸层析法分离合成色素时，流动相和固定相各是什么？作用是什么？
2. 洗涤聚酰胺时要注意哪几个方面？为什么？
3. 处理样品所得的溶液，为什么要调 pH＝4？

实验40　纸上电泳法分离混合氨基酸

一、实验目的

（1）学习纸上电泳法分离混合氨基酸的基本原理。

（2）掌握纸上电泳法的基本操作技术。

二、实验原理

氨基酸是两性物质，其带电荷的情况与溶液的 pH 值有关，当溶液的 pH 值低于其等电点时，带正电荷，反之，带负电荷。谷氨酸等电点 pH 为 3.22，亮氨酸为 6.02，赖氨酸为 9.47，在 pH ＝ 6.0 的缓冲溶液中，谷氨酸带负电荷，赖氨酸带正电荷，亮氨酸基本不带电荷。在电场的作用下，谷氨酸向正极移动，赖氨酸向负极移动，而亮氨酸则停留不动，从而使三种氨基酸的混合物得到分离。

将标准物质与样品在同一张滤纸上按同样操作条件进行电泳，显色后根据组分的运动距离和方向与标准物对照可进行定性，根据组分斑点大小和颜色的深浅可进行初步定量。

三、仪器与试剂

1. 仪器

（1）Dy-1 型电泳仪

（2）10 微量注射器

（3）喷雾器、吹风筒等

2. 试剂

（1）缓冲溶液 pH ＝ 6.0：称取 5.5g 邻苯二甲酸氢钾，0.8g 氢氧化钠分别溶解，混合后定容至 1000mL。

（2）样品溶液

①亮氨酸溶液（6g/L）：称取 300mg 亮氨酸，加水溶解后定容至 50mL，

②赖氨酸溶液（6g/L）：配法同上，

③谷氨酸溶液（6g/L）：配法同上，

④试样混合液：上述三种氨基酸溶液等体积混合。

（3）1g/L 茚三酮丙酮溶液（6g/L）：称取 500mg 茚三酮，用少量丙酮溶解

后，再用丙酮稀释至 500ml。

3. 新华 1 号滤纸条或层析滤纸条(200mm×75mm)。

四、实验步骤

1. 点样

点样的方法有干点法和湿点法两种。干点法是将样品溶液点在滤纸上，用电吹风吹干，它的优点是可以反复点样，在点样的过程中起到浓缩的作用，湿点法是先将滤纸浸透缓冲溶液后再点样，它的优点是能保持样品的天然状态，而且样品溶液不易扩散，斑点的直径较小，本实验采用湿法点样。

(1)取层析滤纸条，用铅笔按图 7-1 画出中线及原点标记，注明正负极方向及名称。

+	×	谷	−
	×	亮	
	×	赖	
	×(原点)	混	

图 7-1 层析滤纸条的标准

(2)把滤纸条用木夹固定在支架上，用滴管吸取缓冲溶液从滤纸顶部往下淋洗 2~3 次，使滤纸湿透，然后用电吹风吹去多余的缓冲溶液。

(3)取下滤纸条，分别用不同的微量注射器吸取单种氨基酸溶液 1μL，混合氨基酸溶液 2μL 点在滤纸的原点上。

2. 电泳

(1)加缓冲溶液 1000mL 于电泳槽中，并使槽内液面平衡。

(2)接上整流器交流电源，使整流器预热 1~2min。

(3)用镊子小心夹着纸条的一端将纸条放在电泳槽的支架上，两端紧贴架框，边缘浸入缓冲溶液中，用滴管滴加缓冲溶液到滤纸上，使原点以外的其他位置更为湿润(注意不要滴在原点上)然后盖上电泳槽盖。

(4)关闭整流器电源，把电泳槽与整流器连接好。

(5)打开整流电源开关，调节电压旋钮使电压达到 260V,

(6)电泳 40min。关闭电源，用镊子迅速取出纸条，用木夹夹在木支架上，用电吹风吹干。

3. 显色

用喷雾器把茚三酮丙酮溶液喷在纸条上，然后用电吹风的热风挡吹干，即见样品的紫色斑点，显色反应如下：

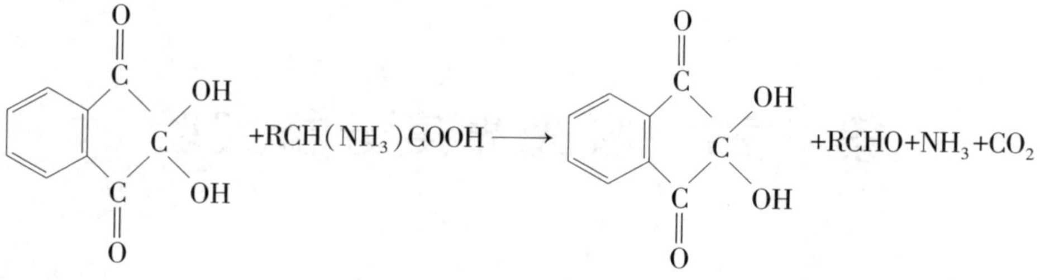

水合茚三酮

还原型小合茚三酮

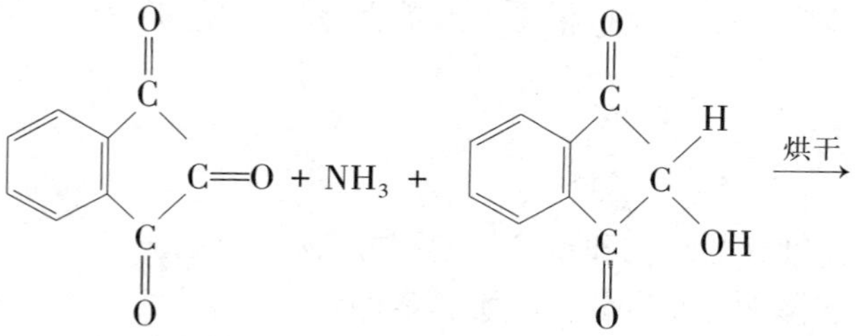

$+RCH(NH_3)COOH \longrightarrow$

$+RCHO+NH_3+CO_2$

茚三酮

$C=O + NH_3 +$

烘干

$+3CO_2$

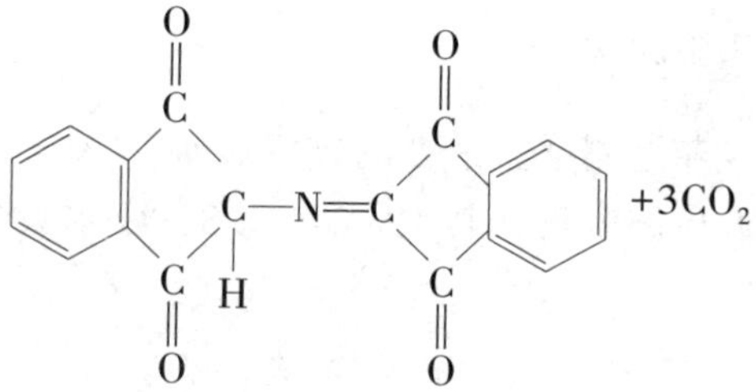

蓝紫色

五、定性分析

以单种氨基酸在纸上显示出的位置与混合氨基酸各组分斑点的位置比较进行定性。

六、思考题

1. 试根据三种氨基酸的化学性质解释它们在电泳后的斑点位置。

2. 进行定性分析时，单种氨基酸标准溶液与混合氨基酸的试样能否分别点在不同的滤纸上进行电泳？为什么？

第八章　吸光光度分析实验

实验41　邻二氮菲吸光光度法测定微量铁

一、实验目的

(1)了解分光光度计的结构和正确的使用方法。

(2)学习如何选择吸光光度分析的实验条件。

(3)学习吸收曲线、工作曲线的绘制及最大吸收波长的选择。

二、实验原理

邻二氮菲是测定微量铁的较好试剂。$pH = 2 \sim 9$ 的溶液中,试剂与 Fe^{2+} 生成稳定的红色络合物,其 $lgK_稳 = 21.3$,摩尔吸光系数 $\varepsilon = 1.1 \times 10^4$,其反应式如下:

红色络合物的最大吸收峰在 510mm 波长处。本方法的选择性很强,相当于含铁量 40 倍的 Sn^{2+},Al^{3+},Ca^{2+},Mg^{2+},Zn^{2+},SiO_3^{2-};20 倍的 Cr^{3+},Mn^{2+},$V(V)$,PO_4^{3-};5 倍的 Co^{2+},Cu^{2+} 等均不干扰测定。

通过邻二氮菲吸光光度法测定铁的基本条件实验,可以更好地掌握某些比色条件的选择和实验方法。

三、主要仪器和试剂

1. 仪器

721(或 7220)分光光度计，10mL 吸量管，50mL 容量瓶，1cm 比色皿，瓷坩埚，电炉，马弗炉。

2. 试剂

(1)0.0001mol·L^{-1}铁标准溶液：准确称取 0.0482g $NH_4Fe(SO_4)_2$·$12H_2O$ 于烧杯中，用 30mL 2mol·L^{-1}HCl 溶解，然后转移至 1000mL 容量瓶中，用水稀释至刻度，摇匀(供测摩尔比用)。

(2)铁标准溶液(含铁 0.1mg·mL^{-1})：准确称取 0.8634g 的 $NH_4Fe(SO_4)_2$· $12H_2O$，置于烧杯中，加入 20mL(1+1)HCl 和少量水，溶解后，定量地转移至 1L 容量瓶中，以水稀释至刻度，摇匀。

(3)邻二氮菲(1.5g·L^{-1}，10^{-3}mol·L^{-1}新配制的水溶液)。

(4)盐酸羟胺 100g·L^{-1}水溶液(临用时配制)。

(5)醋酸钠溶液(1mol·L^{-1})。

(6)NaOH 溶液(0.1mol·L^{-1})。

(7)HCl 溶液(1+1)。

(8)蜂蜜。

四、实验步骤

1. 条件实验

a. 吸收曲线的制作和测量波长的选择

用吸量管吸取 0.0、1.0mL 铁标准溶液，分别注入两个 50mL 容量瓶(或比色管)中，各加入 1mL 盐酸羟胺溶液，2mL 邻二氮菲，5mL NaAc，用水稀释至刻度，摇匀。放置 10min 后，用 1cm 比色皿，以试剂空白(即 0.0mL 铁标准溶液)为参比溶液，在 440~560nm 之间，每隔 10nm 测一次吸光度，在最大吸收峰附近，每隔 5nm 测定一次吸光度。在坐标纸上，以波长 λ 为横坐标，吸光度 A 为纵坐标，绘制 A 和 λ 关系的吸收曲线。从吸收曲线上选择测定 Fe 的适宜波长，一般选用最大吸收波长 λ_{max}。

b. 溶液酸度的选择

取 7 个 50mL 容量瓶(或比色管)，分别加入 1mL 的标准溶液，1mL 盐酸羟胺，2mL Phen，摇匀。然后，用滴定管分别加入 0.0、2.0、5.0、10.0、15.0、20.0、30.0mL 浓度为 0.10mol·L^{-1} 的 NaOH 溶液，用水稀释至刻度，

169

摇匀，放置 10min。用 1cm 比色皿，以蒸馏水为参比溶液，在选择的波长下测定各溶液的吸光度。同时，用 pH 计测量各溶液的 pH 值。以 pH 值为横坐标，吸光度 A 为纵坐标，绘制 A 与 pH 值关系的酸度影响曲线，得出测定铁的适宜酸度范围。

c. 显色剂用量的选择

取 7 个 50mL 容量瓶(或比色管)，各加入 1mL 铁标准溶液，1mL 盐酸羟胺，摇匀。再分别加入 0.1、0.3、0.5、0.8、1.0、2.0、4.0mL Phen 和 5.0mL NaAc 溶液，用蒸馏水稀释至刻度，摇匀，放置 10min。用 1cm 比色皿，以蒸馏水为参比溶液，在选择的波长下测定各溶液的吸光度。以所取 Phen 溶液体积 V 为横坐标，吸光度 A 为纵坐标，绘制 A 与 V 的显色剂用量影响曲线。得出测定铁时显色剂的最适宜用量。

d. 显色时间

在一个 50mL 容量瓶(或比色管)中，加入 1mL 铁标准溶液，1mL 盐酸羟胺溶液，摇匀。再加入 2mL Phen，5mL NaAc，以水稀释至刻度，摇匀。立即用 1cm 比色皿，以蒸馏水为参比溶液，在选择的波长下测量吸光度。然后依次测量放置 5、10、30、60、120、…min 后的吸光度。以时间 t 为横坐标，吸光度 A 为纵坐标，绘制 A 与 t 的显色时间影响曲线。得出铁与邻二氮菲显色反应完全所需要的适宜时间。

e. 邻二氮菲与铁的摩尔比的测定

取 50mL 容量瓶 8 个，吸取 0.0001mol·L^{-1} 铁标准溶液 10mL 于各容量瓶中，各加 1mL 10% 盐酸羟胺溶液，5mL 1mol·L^{-1} NaAc 溶液。然后依次加 0.02% 邻二氮菲溶液(约为 1×10^{-3} mol·L^{-1})0.5、1.0、2.0、2.5、3.0、3.5、4.0、5.0mL，以水稀释至刻度，摇匀。然后在 510nm 的波长下，用 2cm 比色皿，以蒸馏水为空白液，测定各溶液的吸光度。最后以邻二氮菲与铁的浓度比 c_R/c_{Fe} 为横坐标，对吸光度作图，根据曲线上前后两部分延长线的交点位置确定 Fe^{2+} 离子与邻二氮菲反应的络合比。

2. 铁含量的测定

a. 标准曲线的制作

用移液管吸取 100μg·mL^{-1} 铁标准溶液 10mL 于 100mL 容量瓶中，加入 2mL 2mol·L^{-1} 的 HCl，用水稀释至刻度，摇匀。此溶液每毫升含 Fe^{3+} 10μg。

在 6 个 50mL 容量瓶(或比色管)中，用吸量管分别加入 0.0，2.0，4.0，6.0，8.0，10.0mL 10μg·mL^{-1} 铁标准溶液，分别加入 1mL 盐酸羟胺，2mL Phen，5mL NaAc 溶液，每加一种试剂后摇匀。然后，用水稀释至刻度，摇匀后放置 10min。用 1cm 比色皿，以试剂为空白（即 0.0mL 铁标准溶液），在所选择的波长下，测量各溶液的吸光度。以含铁量为横坐标，吸光度 A 为纵坐标，绘制标准曲线。

用绘制的标准曲线，重新查出相应铁浓度的吸光度，计算 Fe^{2+} Phen 络合物的摩尔吸光系数 ε。

b. 试样中铁含量的测定

准确移取蜂蜜 3.5~4.0g 于干净瓷坩埚中，在电炉上加热至不冒烟后，放入马弗炉中 850℃灰化 1.5h，冷至室温后，加入 2mL（1+1）HCl，加热煮沸至近干，加 5~10mL 蒸馏水，定量转移至 50mL 容量瓶后，加盐酸羟胺 2mL，Phen 2mL，1mol·L^{-1}NaAc 10mL，加水稀释至刻度，摇匀。测量吸光度 A。根据标准曲线求出试样中铁的含量（$\mu g \cdot mL^{-1}$）。

五、数据记录及处理

手工绘制各种条件试验曲线、标准曲线以及计算试样中物质的含量是学生应该掌握的实验基本方法。对有条件的学校，可让学生同时用计算机进行数据处理。

六、思考题

1. 本实验为什么要选择酸度、显色剂用量和有色溶液的稳定性作为条件实验的项目？

2. 吸收曲线与标准曲线有何区别？各有何实际意义？

3. 本实验中盐酸羟胺、醋酸钠的作用各是什么？

4. 怎样用吸光光度法测定水样中的全铁（总铁）和亚铁的含量？试拟出简单步骤。

5. 制作标准曲线和进行其他条件实验时，加入试剂的顺序能否任意改变？为什么？

实验 42　土壤中有效磷的测定

一、实验目的

(1)了解光度法测定土壤中有效磷的原理及方法。

(2)熟悉分光光度计的使用方法。

二、实验原理

土壤中的磷大部分不能被植物直接吸收利用，易被吸收利用的有效磷通常含量很低。土壤中有效磷含量是指能为当季作物吸收的磷量。土壤中有效磷的测定方法有：生物方法、同位素方法、阴离子交换树脂方法及化学方法等。其中应用最普遍的是化学方法。它是用浸提剂提取土壤中的一部分有效磷。浸提剂种类很多，它的选择主要根据各种土壤的性质而定。酸性土壤中磷酸铁和磷酸铝形态的有效磷可用酸性氟化铵提取，形成氟铝化铵和氟铁化铵配合物，少量的钙离子形成氟化钙沉淀，磷酸根离子被提取到溶液中来，石灰性土壤则采用碳酸氢钠溶液浸取。在含磷的溶液中，加入钼酸铵，在一定酸度条件下，溶液中的磷酸与钼酸络合形成黄色的磷钼杂合酸——磷钼黄。

$$H_3PO_4 + 12H_2MoO_4 = H_3[PMo_{12}O_{40}] + 12H_2O$$

在适宜的试剂浓度下，加入适当的还原剂($SnCl_2$或抗坏血酸)，使磷钼酸中的一部分 Mo(Ⅳ)还原为 Mo(Ⅴ)，生成磷钼蓝(磷钼杂多蓝)——$H_3PO_4 \cdot 10MoO_3 \cdot Mo_2O_5$ 或 $H_3PO_4 \cdot 8MoO_3 \cdot 2Mo_2O_5$。在一定的浓度范围内，蓝色的深度与磷含量成正比，这是钼蓝比色法的基础。

三、主要仪器和试剂

1. 仪器

721 或(7220)分光光度计，25mL 容量瓶，吸量管，振荡机，漏斗，滤纸。

2. 试剂

(1)HCl 溶液($0.5mol \cdot L^{-1}$)。

(2)NH_4F 溶液($1mol \cdot L^{-1}$)。

(3)提取剂：分别移取 15mL $1mol \cdot L^{-1}NH_4F$ 溶液和 25mL $0.5mol \cdot L^{-1}HCl$ 溶液，加入 460mL 蒸馏水中，配制成 $0.03mol \cdot L^{-1}NH_4F$　$0.025mol \cdot L^{-1}$ HCl 溶液。

（4）H_3BO_3溶液（$100g \cdot L^{-1}$）。

（5）$15g \cdot L^{-1}$钼酸铵 35mol $\cdot L^{-1}$盐酸溶液：溶解 15g 钼酸铵于 300mL 蒸馏水中，加热至 60℃左右，如有沉淀，将溶液过滤，待溶液冷却后，慢慢加入 350mL 10mol $\cdot L^{-1}$ HCl 溶液，并用玻璃棒迅速搅动，待溶液冷却至室温，用蒸馏水稀释至 1L，充分摇匀，储存于棕色瓶中。放置时间不得超过两个月。

（6）氯化亚锡溶液（$25g \cdot L^{-1}$）：称取氯化亚锡 2.5g 溶于 10mL 浓 HCl 中，溶解后加入 90mL 蒸馏水，混合均匀置于棕色瓶中，此溶液现配现用。

（7）磷标准溶液（$50\mu g \cdot mL^{-1}$）：准确称取 105℃烘干的 KH_2PO_4（AR）0.2195g，溶解于 400mL 水中，加浓 H_2SO_4 5mL（防止溶液长霉菌），转入 1L 容量瓶中，加水稀释至刻度，摇匀。准确移取上述磷标准溶液 25.00mL 于 250mL 容量瓶中，稀释至刻度，摇匀，即为 $5\mu g \cdot /mL^{-1}$（此溶液不易久存）。

四、实验步骤

1. 土壤样品预处理

称取风干土壤样品 1g（精确至 0.01g），放入 50~100mL 小塑料瓶（或 50mL 带塞比色管）中，加入 0.03mol $\cdot L^{-1}NH_4F$ 0.025mol $\cdot L^{-1}HCl$ 溶液 20mL，稍摇匀，立即放在振荡机上，振荡 30min。用无磷干滤纸过滤，滤液承接于盛有 $100g \cdot L^{-1}H_3BO_3$溶液 15 滴的 50mL 三角瓶中，摇动瓶内溶液（加 H_3BO_3防止 F^- 对显色的干扰和腐蚀玻璃仪器）。

2. 土壤中有效磷的测定

准确移取上述土壤滤液 5~10mL 于 25mL 容量瓶中，用吸量管加入 $15g \cdot L^{-1}$钼酸铵盐酸溶液 5mL，摇匀，加入蒸馏水至瓶颈刻度，滴加 $25g \cdot L^{-1}$氯化亚锡 3 滴后，再用水稀释至刻度，充分摇匀。显色 15min 后，在分光光度计上，以试剂为空白，用 1cm 比色皿在 680nm 处测其吸光度值。

3. 工作曲线的制作

分别准确移取 $5\mu g \cdot mL^{-1}$磷标准溶液 0、1.0、2.0、3.0、4.0、5.0mL 于 6 个 25mL 容量瓶中，加入 0.03mol $\cdot L^{-1}NH_4F$ 0.025mol $\cdot mL^{-1}HCl$ 溶液 5~10mL（按所取滤液毫升数而定），用吸量管加钼酸铵盐酸溶液 5mL，加蒸馏水至瓶颈刻度，并滴加 $25g \cdot L^{-1}$氯化亚锡 3 滴，摇动后，至溶液有深蓝色出现，用水稀释至刻度，摇匀，放置 15min，与土样溶液同时显色，测其吸光度。以磷的微克数为横坐标，相应的吸光度为纵坐标，绘制标准曲线，并从标准曲线上查出土样中磷的含量。

五、注意事项

用氯化亚锡作还原剂生成磷钼盐，溶液的颜色不够稳定，必须严格控制比色时间，一般在显色后的 15～20min 内颜色较为稳定，显色后应准确放置 15min 后，立即比色，并在 5min 内完成比色操作。

六、思考题

1. 试述本实验测定磷的基本原理。
2. 测定吸光度为什么一般选择在最大吸收波长下进行？
3. 氯化亚锡溶液放置过久，对实验有什么影响？

实验 43　水样中六价铬的测定

一、实验目的

学习用二苯碳酰二肼分光光度法测定水中六价铬的方法。

二、实验原理

铬存在于电镀、冶炼、制革、纺织、制药等工业废水污染的水体中。铬以三价和六价两种形式存在于水中。医学研究发现，六价铬有致癌的危害。六价铬的毒性比二价铬强 100 倍。

测定微量铬的方法很多，有分光光度法、原子吸收光度法、荧光催化光度法等。

分光光度法测定六价铬，常用二苯碳酰二肼（DPCI）作为显色剂。DPCI 在酸性条件下（$1.0 mol \cdot L^{-1} H_2SO_4$），可与 Cr（Ⅳ）发生显色反应生成紫红色络合物，最大吸收波长为 540nm 左右，其摩尔吸光系数为 $2.6 \times 10^4 \sim 4.17 \times 10^4 L \cdot (mol \cdot cm)^{-1}$。

低价汞离子（Hg_2^{2+}）和高价汞离子（Hg^{2+}）与 DPCI 作用生成蓝色或蓝紫色络合物，但在本实验所控制的酸度下，反应不甚灵敏。铁的浓度大于 $1mg \cdot L^{-1}$ 时，将与试剂生成黄色化合物而引起干扰，可加入 H_3PO_4 与 Fe^{3+} 络合而消除干扰。V^{5+} 的干扰与铁相似，与 DPCI 反应生成棕黄色化合物，该化合物很不稳定，在 20min 后颜色会褪去，故可不予考虑。少量 Cu^{2+}，Ag^+，Au^{3+} 在一定程度上有干扰；钼低于 $100\mu g \cdot mL^{-1}$ 时不干扰测定。还原性物质亦干扰测定。

三、主要仪器和试剂

1. 仪器

721（7220）型分光光度计，50mL 容量瓶，1cm 比色皿，5mL，10mL 吸量管。

2. 试剂

（1）铬标准贮备溶液（$0.100mg \cdot mL^{-1}$）：准确称取 0.2830g 在 110℃ 经 2h 干燥过的分析纯 $K_2Cr_2O_7$ 于干燥小烧杯，溶解后定量转移至 1000mL 容量瓶中，用水稀释至刻度，摇匀。

（2）铬标准使用溶液（1.0μg·mL^{-1}）：准确移取 Cr(Ⅵ)贮备液 5.0mL 于 500mL 容量瓶中，用水稀释至刻度，摇匀。

（3）二苯碳酰二肼溶液（DPCI，1g·L^{-1}）：称取 0.5g DPCI，溶于丙酮后，用水稀释至 50mL，摇匀。贮于棕色瓶中，放入冰箱中保存，如试剂溶液变色，不宜使用。

（4）乙醇（950g·L^{-1}）。

（5）H$_2$SO$_4$溶液（9mol·L^{-1}）。

四、实验步骤

1. 标准曲线的制作

准确移取 0.0、0.5、1.0、2.0、4.0、7.0 和 10.0mL 的 1.0μg/mL 铬标准溶液，分别置于 50mL 容量瓶中，各加入 0.6mL 9mol·L^{-1}H$_2$SO$_4$，30mL 蒸馏水和 1.0mL 10g·L^{-1}的 DPCI 溶液，摇匀，用水稀释至刻度，再次摇匀后，静置显色 5min，以试剂空白为参比溶液，在 540nm 波长处测量各溶液的吸光度并绘制标准曲线。

2. 试样中铬含量的测定

（1）准确移取适量水样于 100mL 烧杯中，依次加入 0.6mL 9mol·L^{-1}H$_2$SO$_4$ 和几滴乙醇，加热，使 Cr(Ⅵ)还原为 Cr(Ⅲ)，继续煮沸数分钟，除去过量乙醇，冷却后转入 50mL 容量瓶中，加入 1.0mL DPCI 溶液，用水稀释至刻度，摇匀，以此作为参比溶液。

（2）另取等量水样一份于 50mL 容量瓶中，依次加入 0.6mL H$_2$SO$_4$ 和 1.0mL DPCI 溶液，立即摇匀，放置 5min。

以（1）制得的溶液为参比，在 540nm 处测量水样显色溶液的吸光度。从标准曲线上查出对应于水样吸光度的 Cr(Ⅵ)浓度，计算水样中 Cr(Ⅵ)的含量（mg·mL^{-1}）。

五、思考题

1. 水样中如果只有 Cr^{6+}或 Cr^{3+}，或 Cr^{6+}与 Cr^{3+}共存，它们的测定方法分别有些什么不同？

2. 为什么水样采集后，要在当天进行测定？

3. 在制作标准系列和水样显色时，加入 DPCI 溶液后，为什么要立即摇匀或边加边摇？

4. 测定水样中铬含量时，为什么要利用步骤 1 制作参比溶液？

实验 44　钢样中锰的吸光光度法测定

一、实验目的

(1)学习钢样中锰的吸光光度法测定原理与方法。

(2)掌握钢样的预处理方法。

二、实验原理

锰是钢中的有益元素,它可使钢的硬度和锻性提高;炼钢时锰是良好的脱氧剂和脱硫剂。钢中锰除以金属状态存在于金属固溶体中以外,主要以 MnS 状态存在。

钢样用浓 HNO_3 溶解,其主要反应为

$$3MnS+14HNO_3 =\!=\!= 3Mn(NO_3)_2+3H_2SO_4+8NO\uparrow+4H_2O$$

加入 H_3PO_4 将溶液中的 Fe^{3+} 络合为无色的 $Fe(HPO_4)_2^-$,降低了 $E_{Fe^{3+}/Fe^{2+}}$,从而使 Mn^{2+} 保持在溶液中而不析出 MnO_2 沉淀。试液在催化剂 $AgNO_3$ 作用下,以 $(NH_4)_2S_2O_8$ 为氧化剂,将溶液煮沸,使 Mn^{2+} 氧化为紫色的 MnO_4^-,其反应为

$$2Mn^{2+}+5S_2O_8^{2-}+8H_2O \xrightarrow{Ag^+} 2MnO_4^-+10SO_4^{2-}+16H^+$$

在波长 530nm 处测定 MnO_4^- 的吸光度,通过标准曲线即可求算出锰的含量。

三、主要仪器和试剂

1. 仪器

721 型分光光度计,吸量管,50mL 容量瓶,100mL 烧杯,电炉。

2. 试剂

(1)$0.1mg \cdot mL^{-1}$ 锰标准溶液:准确称取 $MnSO_4$(AR,在 400~500℃ 灼烧过)0.2748g 于干净小烧杯中,加蒸馏水溶解后,定量转移至 1000mL 容量瓶中,稀释至刻度,摇匀。

(2)混合酸:用量筒量取 25mL 浓 H_2SO_4,在搅拌条件下小心慢慢地加入 500mL 水中,稍冷,加入浓 HNO_3 30mL,浓 H_3PO_4 30mL,用水稀释至 1L。

(3)$AgNO_3$($10g \cdot L^{-1}$ 的水溶液,并用硝酸酸化)。

(4)$(NH_4)_2S_2O_8$ 固体(AR)。

(5)KIO_4 固体(AR)。

（6）钢样。

四、实验步骤

1. 标准曲线的制作

用 5mL 的吸量管分别吸取 $0.1mg \cdot mL^{-1}$ 的锰标准溶液 0.0，1.0，2.0，3.0，4.0，$5.0mL$ 分别置于 250mL 锥形瓶中，加入混合酸 20mL，滴加 4 滴 $10g \cdot L^{-1}$ $AgNO_3$，$5g(NH_4)_2S_2O_8$，加热并摇动使 $(NH_4)_2S_2O_8$ 溶解，保持微沸 5min，稍冷后，加入 $0.5gKIO_4$，再微沸 5min，流水冷却，定量转移至 50mL 容量瓶中，稀释至刻度，摇匀。在 530nm 波长处，测量各溶液的吸光度 A，并绘制标准曲线。

2. 钢样中锰含量的测定

准确移取钢样 $0.3g$ 左右于 100mL 烧杯中，加混合酸 20mL，加热溶解，煮沸除去氮的氧化物，冷却后定量转入 50mL 容量瓶中，稀释至刻度，摇匀。

准确移取上述试液 10mL 两份，分别置于 250mL 锥形瓶中，按标准系列的步骤进行显色处理后，在同样条件下分别测其吸光度，并在工作曲线上查出试液中相当于锰的毫克数，然后计算出钢中锰的含量。

五、注意事项

（1）处理钢样时，煮沸至无棕色气体出现，则表明氮化物已除尽，否则氮化物的还原性会使 $KMnO_4$ 退色。

（2）进行显色反应时，控制煮沸时间是本实验的关键，如加热不够，Mn^{2+} 氧化不完全；但加热时间过长，生成的 MnO_4^- 又会慢慢分解。注意观察煮沸前 $(NH_4)_2S_2O_8$ 分解产生氧的小气泡，然后出现溶液沸腾冒大气泡，30s 即可使 Mn^{2+} 氧化完全。

六、思考题

1. 为什么溶解钢样时，加入 H_3PO_4 就可以防止 MnO_2 沉淀的生成？
2. 试样溶解后，加 $(NH_4)_2S_2O_8$ 氧化锰，为什么还要加 KIO_4？试解释其作用。
3. 能否用分光光度法连续测定钢中的铬和锰？试述其原理。

实验 45　吸光光度法设计实验

一、钢样中铬和锰的吸光光度法测定

当试液中同时存在几种吸光物质时，一定条件下可以不加分离，采用分光光度法分别进行测定。

铬和锰都是钢中常见的有益的元素，尤其在合金钢中应用比较广泛，铬和锰在钢中除以金属状态存在于固溶体中之外，还以碳化物（CrC_2，Cr_5C_2，Mn_3C），硅化物（Cr_3Si，$MnSi$，$FeMnSi$），氧化物（Cr_2O_3，MnO_2），氮化物（CrN，Cr_2N），硫化物（MnS）等形式存在。

试样经酸溶解之后，生成 Mn^{2+} 和 Cr^{3+}，加入 H_3PO_4 掩蔽 Fe^{3+} 的干扰。在酸性条件下，以 $AgNO_3$ 为催化剂，加入过量$(NH_4)_2S_2O_8$氧化剂，将 Cr^{3+}，Mn^{2+} 氧化成 $Cr_2O_7^-$ 和 MnO_4^-：

$$2Cr^{3+}+3S_2O_8^{2-}+7H_2O \Longrightarrow Cr_2O_7+6SO_4^{2-}+14H^+$$

$$2Mn^{2+}+5S_2O_8^{2-}+8H_2O \Longrightarrow 2MnO_4^{2-}+10SO_4^{2-}+16H^+$$

$Cr_2O_7^{2-}$ 在 420～450nm 波长处，吸收强烈，而 MnO_4^- 吸收很弱；MnO_4^- 在 500～550nm 波长处，强烈吸收且产生双峰，而 $Cr_2O_7^-$ 吸收很弱。根据吸光度的加合原理，在 $Cr_2O_7^{2-}$ 和 MnO_4^- 的最大吸收波长 440nm 和 545nm 处，分别测定 $Cr_2O_7^{2-}$ 和 MnO_4^- 混合溶液的吸光度，然后用解联立方程的方法，求出试液中铬和锰的含量。

因为：

$$A_{440}^{总}=A_{440}^{Cr}+A_{440}^{Mn} \tag{8-1}$$

$$A_{545}^{总}=A_{545}^{Cr}+A_{545}^{Mn} \tag{8-2}$$

即：

$$A_{440}^{总}=\varepsilon_{440}^{Cr}c_{Cr}+\varepsilon_{440}^{Mn}c_{Mn} \tag{8-3}$$

$$A_{545}^{总}=\varepsilon_{545}^{Cr}c_{Cr}+\varepsilon_{545}^{Mn}c_{Mn} \tag{8-4}$$

由式(8-3)，(8-4)得

$$c_{Cr}=\frac{A_{440}^{总}\varepsilon_{545}^{Mn}-A_{545}^{总}\varepsilon_{440}^{Mn}}{\varepsilon_{440}^{总}\varepsilon_{545}^{Mn}-\varepsilon_{545}^{Cr}\varepsilon_{440}^{Mn}}$$

$$c_{Mn}=\frac{A_{440}^{总}-\varepsilon_{440}^{Cr}c_{Cr}}{\varepsilon_{440}^{Mn}}$$

式中，摩尔吸光系数 ε 值可以分别用已知浓度的 $Cr_2O_7^{2-}$ 溶液和 MnO_4^- 溶液，在波长 440nm 和 545nm 的标准曲线求得（标准曲线的斜率即为 ε 值）。

参考文献

[1]华中师范大学. 分析化学实验[M]. 北京：人民教育出版社，1981：
182-185

[2]谈慧英. 分析化学实验[M]. 北京：清华大学出版社，1985：115-117

二、植物叶上铅含量的吸光光度法测定

由于环境的污染(汽车尾气的排放)，植物叶面(树叶、菜叶)上附有铅。铅是一种蓄积性毒物，过量铅对人体有很大危害，常见测定铅的方法为双硫腙显色、氰化钾掩蔽，该方法灵敏，选择性好，但引入高毒物氰化钾又导致环境污染。也可用二甲酚橙显色，邻二氮菲为掩蔽剂，在 pH = 4.5~5.4 条件下，铅与二甲酚橙形成稳定的 1：1 红色络合物，此络合物在 580nm 波长处有最大吸收，摩尔吸光系数为 $1.55×10^4$。

参考文献

[1]张孙伟，吴永生，刘绍璞，等. 有机试剂在分析化学中的应用[M]. 北京：
科学出版社，1981. 216

[2]杨光洁，郭洁，杜建华，等. 用二甲酚橙显色快速测定植物叶上的铅含量
[J]. 理化检验. 化学分册，2000，36(9)：412-414

三、白酒中甲醇含量的吸光光度法测定

白酒中甲醇在弱酸性条件下，被高锰酸钾氧化为甲醛，在含乙醇 5%~6% 的溶液中加硫酸、铬变酸并加热生成紫红色溶液，在一定浓度范围内，颜色的深浅与甲醛浓度成正比，于 580nm 波长处测定吸光度值，相应地求出甲醇含量。

参考文献

黄伟坤. 食品检验与分析[M]. 北京：中国轻工业出版社，1997：619-620.

第九章　综合实验

一、实验目的

通过综合实验，使学生灵活运用所学分析化学基本理论、实验技能和其他知识，进一步培养学生分析、解决实际问题的能力。

二、实验要求

明确分析任务（试样）的内容、目的和要求；查阅相关参考文献资料；结合实验室条件和分析要求选择合适的实验方法；在此基础上，拟定详细的实验和结果评价方案。

三、综合实验参考选题

1. 熟料水泥全分析（示例）

a. 实验原理

熟料水泥的主要化学成分为 SiO_2、Fe_2O_3、Al_2O_3、MgO 和 CaO。其中的 SiO_2 可用容量法或重量法测定，若采用重量法测定，试样用酸分解后，即可析出无定形硅酸沉淀，但沉淀不完全，而且吸附严重。本实验是将试样与 7~8 倍固体 NH_4Cl 混匀后，再加 HCl 分解试样。此时，由于是在含有大量电解质的小体积溶液中析出硅酸，有利于硅酸的凝聚，沉淀也较完全。硅酸的含水量少，结构紧密，吸附现象也有所减少。试样分解完全后，加适量的水溶解可溶性盐类，过滤，将沉淀灼烧称量，即可测得 SiO_2 的含量。

水泥熟料中的铁、铝、钙、镁等组分以离子形式存在于滤去 SiO_2 沉淀的滤液中，它们都与 EDTA 形成稳定的络离子，但这些络离子的稳定性有较明显的差别。因此控制适当的酸度就可用 EDTA 分别滴定它们。调节溶液的 pH 值为 1.8~2.2，以磺基水杨酸作指示剂，用 EDTA 滴定 Fe^{3+} 离子，然后加入一定量过量的 EDTA，煮沸，待 Al^{3+} 离子与 EDTA 完全络合后，再调节溶液的 pH $\approx$

4.2，以 PAN 作指示剂，用 $CuSO_4$ 标准溶液滴定过量的 EDTA，从而分别测得 Fe_2O_3 和 Al_2O_3 的含量。滤液中的 Ca^{2+} 离子和 Mg^{2+} 离子，按常规用三乙醇胺掩蔽 Fe^{3+} 和 Al^{3+} 离子后在 pH≈10 时用 EDTA 滴定，测得钙和镁的总量；另取一份滤液在 pH>12 时，用 EDTA 滴定钙的含量，然后计算试样中 CaO 和 MgO 的含量。

b. 主要试剂

（1）钙指示剂：钙指示剂与 NaCl 以 1∶100 混合磨匀。

（2）磺基水杨酸（10%）：10g 指示剂溶于 100mL 水中。

（3）PAN 指示剂（0.3%）：0.3g 指示剂溶于 100mL 乙醇中。

（4）KB 指示剂：1g 酸性铬蓝 K，2g 萘酚绿 B 与 25g NaCl 研细混匀。

（5）铬黑 T 指示剂：络黑 T 指示剂与 NaCl 以 1∶100 混合磨匀。

（6）金属锌基准物：取无砷的锌，先以 6mol·L^{-1} HCl 洗涤，再用蒸馏水冲洗，最后用丙酮洗一次，于 100℃ 烘干。

（7）氨缓冲溶液（pH≈10）：27g NH_4Cl 溶于适量水中，加浓氨水 197mL，稀释至 500mL。

（8）HAc-NaAc 缓冲溶液（pH≈4.2）：32g 无水 NaAc 溶于水中，加入 50mL 冰醋酸，用水稀释至 1L。

（9）三乙醇胺（25%）：75% 三乙醇胺 350mL 用水稀释至 1L。

（10）酒石酸钾钠（5%）：50g 酒石酸钾钠溶于水，稀释至 1L。

（11）浓盐酸（密度 1.19kg·L^{-1}）。

（12）HCl 溶液（6mol·L^{-1}）：浓 HCl 与水等体积混合均匀。

（13）浓 HNO_3（密度 1.42）。

（14）氨水（1∶1）：浓氨水与水等体积混合均匀。

（15）$AgNO_3$ 溶液（0.1mol·L^{-1}）：1.7g $AgNO_3$ 溶于 100mL 水中。

（16）NH_4Cl（固体）。

（17）NaOH 溶液（6mol·L^{-1}）：240g NaOH 溶于 1L 水中。

（18）硫酸（1∶1）：浓硫酸与水等体积混合均匀。

（19）EDTA（0.01mol·L^{-1}）标准溶液：称取 4g EDTA 二钠盐溶于温水中，用水稀释至 1L。于 pH≈10 的氨缓冲溶液中，以铬黑 T 为指示剂，用锌作基准物，标定 EDTA 溶液的准确浓度。

（20）$CuSO_4$ 标准溶液（0.01mol·L^{-1}）：1.3g $CuSO_4·5H_2O$ 溶于水中，加 4~5 滴 1∶1 硫酸，用水稀释至 0.5L。然后，用下述方法测定 $CuSO_4$ 标准溶液对 0.01mol·L^{-1} EDTA 标准溶液的体积比。

c. 实验步骤

（1）EDTA 溶液的标定（或 EDTA 与 CuSO₄溶液的体积比测定）

准确吸取 10.00mL 铜标准溶液，加 10mL HAc-NaAc 缓冲溶液，加热至 80~90℃，加入 PAN 指示剂 4~6 滴，用 EDTA 标准溶液滴定至红色变为绿色即为终点，记下消耗 EDTA 溶液的体积。平行标定三份，计算 EDTA 的浓度（或 EDTA 与 CuSO₄溶液的体积比）。

（2）SiO_2的测定。

准确称取 0.2~0.3g 试样，置于干燥的 100mL 烧杯中，加入 1.5~2g 固体 NH_4Cl，用玻璃棒混匀，滴加浓 HCl 至试样全部湿润（一般约需 3mL），并滴加浓 $HNO_3$2~3 滴，搅匀。小心压碎块状物，盖上表面皿，置于沸水浴上，加热 10min。加热水约 40mL，搅动，以溶解可溶性盐类。过滤，用热水洗涤烧杯和滤纸，直至滤液中无 Cl⁻离子为止（用 $AgNO_3$检验）。用 250mL 容量瓶盛接滤液及洗涤液，并稀释至刻度，摇匀备用。

将沉淀连同滤纸放入已恒重的瓷坩埚中，低温炭化并灰化后，于 950℃灼烧 45min。取下置于干燥器中冷却至室温，称量，再灼烧，冷至室温，再称量，直至恒重。计算试样中 SiO_2的含量。

（3）铁的测定。

准确移取分离 SiO_2后的滤液 50.00mL 置于 250mL 锥形瓶内，加 10 滴磺基水杨酸，用 1:1 氨水和 6mol·L^{-1}HCl 溶液调节至溶液呈紫红色（pH≈2），加热至 60~70℃，以 EDTA 标准溶液滴定至溶液由紫红色变成淡黄色。根据 EDTA 用量，计算试样中 Fe_2O_3的含量。

（4）铝的测定。

在滴定 Fe^{3+}离子后的溶液中，准确加入 20.00mL 过量的 EDTA 标准溶液和 10mL HAc-NaAc 缓冲溶液，煮沸 1min，取下稍冷，加 6~8 滴 PAN 指示剂，用 $CuSO_4$标准溶液滴定至溶液显红色即为终点。根据标准溶液的用量，计算试样中 Al_2O_3的含量。

（5）钙的测定。

准确移取分离 SiO_2后的滤液 25.00mL，置于 250mL 锥形瓶中（若 Fe^{3+}、Al^{3+}含量较高，可采用氨水法或尿素均匀沉淀法将它们转化为氢氧化物沉淀后分离除去），加水 50mL、三乙醇胺 5mL，摇匀。加 6mol·L^{-1}NaOH 8mL，加钙指示剂少许，用 EDTA 标准溶液滴定至溶液由红色变成蓝色即为终点。根据 EDTA 用量，计算试样中 CaO 的含量。

（6）镁的测定。

准确移取分离 SiO_2 后的滤液 25mL，置于 250mL 锥形瓶内，加酒石酸钾钠和三乙醇胺各 5mL，摇匀。加 pH = 10 的氨缓冲液 10mL，K-B 指示剂少许，以 EDTA 标准溶液滴定至溶液呈蓝色，即为终点。根据 EDTA 用量，计算钙、镁总量，然后用差减法计算试样中 MgO 的含量。

2. 化学镀铜溶液的分析

化学镀铜溶液一般由硫酸铜、酒石酸钾钠、甲醛、氢氧化钠和氯化镍等试剂配制而成，各组分的配制比例或含量直接影响溶液的镀铜效果。当溶液使用一段时间后，应视其组成的变化适当补充一些试剂，以保持其组成的相对稳定。

化学镀铜溶液需测试的成分主要有铜、镍、酒石酸根和氯等。其中铜的测定可采用碘量法或 EDTA 络合滴定法；镍则用络合滴定法或分光光度法测定；酒石酸根和氯离子可分别通过 $KMnO_4$ 氧化还原滴定法及 $AgNO_3$ 沉淀滴定法测定。

3. 电解精盐水的分析

在氯碱工业中，根据生产工艺的要求，对供电解用的精盐水中各组分的含量有规定的指标。为确保生产的正常进行，须定期对精盐水进行分析。

精盐水常需检测的组分有：NaCl，NaOH，Na_2CO_3，SO_4^{2-}，Ca^{2+}，Mg^{2+}，Fe^{3+} 和溶液的 pH 值。NaOH 和 Na_2CO_3 可用酸滴定，Cl^- 用莫尔法测定，Ca^{2+}，Mg^{2+} 和 Fe^{3+} 用 EDTA 或氧化还原滴定法测定，SO_4^{2-} 一般是在将其转化为 $BaCrO_4$ 沉淀后用碘量法间接测定。

4. 萤石分析

萤石是最有工业应用价值的含氟矿物，其主要成分为 CaF_2。较纯萤石中 CaF_2 含量高达 80% ~ 90% 以上，杂质为铁及少量锰，萤石中的钙有时为稀土元素取代。此外，因产地不同，萤石中尚可能含有诸如铅、锌、硫酸钡、二氧化锡等杂质。

萤石的分析项目取决于工业用途。通常作熔剂用的萤石需分析的项目主要为 CaF_2，SiO_2，Pb，Zn，S 的含量。做玻璃陶瓷用的萤石，则主要测定其中的 CaF_2，Fe_2O_3，Al_2O_3 和 SiO_2 等组分。其中的 CaF_2 在试样经适当处理后可用 EDTA 或 $KMnO_4$ 法测定，SiO_2 用重量法测定，其他组分则用络合滴定法或氧化还原滴定法分析。

5. 啤酒中苦味质的测定

苦味质是啤酒中的各种苦味物质的总称。啤酒苦味的主要来源是酒花中的 α 酸、β 酸和其氧化产物软树脂。其中 α 酸又称葎草酮，为主要苦味质，占啤酒中苦味物质的 85% 左右。酒花在与麦芽汁煮沸过程中，酒花中的 α 酸有 40%～60% 异构化，成为异 α 酸，它比 α 酸更易溶于麦芽汁中，是啤酒中最为重要的苦味物质。

苦味质可在经三氯甲烷萃取后，用重量法测定，也可在用异辛烷提取后，通过紫外光光度法测定。

6. 味精的分析

味精是日常生活中常用的调味剂，主要成分为谷氨酸钠，此外，还含有少量氯化物和一些微量元素。味精的分析包括检测谷氨酸、氯化物、砷、铁、铅、锌等的含量以及它的水分、灰分、透光率和灰分碱度等项目。其中的谷氨酸常采用旋光法或甲醛法测定，氯化物用莫尔法测定，微量砷、铁、铅和锌等则用砷斑法和分光光度法分析。其他项目则用重量法和滴定法等检测。

附　　录

附录 1　分析化学实验基本操作录像带的基本内容

（1）定性分析基本操作。

（2）分析天平称量基本操作。

（3）滴定分析基本操作。

（4）pH 计使用和电位滴定操作。

（5）分光光度计的使用和吸光光度法操作。

（6）重量分析法基本操作。

以上音像资料可在武汉大学音像出版社、武大电教中心等处购买。

附录 2　常用指示剂

（一）酸碱指示剂（18~25℃）

指示剂名称	pH 变色范围	颜色变化	溶液配制方法
甲基紫 （第一变色范围）	0.13~0.5	黄~绿	$1g \cdot L^{-1}$ 或 $0.5g \cdot L^{-1}$ 的水溶液
甲酚红 （第一变色范围）	0.2~1.8	红~黄	0.04g 指示剂溶于 100mL 50%乙醇
甲基紫 （第二变色范围）	1.0~1.5	绿~蓝	$1g \cdot L^{-1}$ 水溶液
百里酚蓝(麝香草酚蓝) （第一变色范围）	1.2~2.8	红~黄	0.1g 指示剂溶于 100mL 20%乙醇

续表

指示剂名称	pH 变色范围	颜色变化	溶液配制方法
甲基紫 （第三变色范围）	2.0～3.0	蓝～紫	1g·L⁻¹溶液
甲基橙	3.1～4.4	红～黄	1g·L⁻¹水溶液
溴酚蓝	3.0～4.6	黄～蓝	0.1g 指示剂溶于 100mL 20%乙醇
刚果红	3.0～5.2	蓝紫～红	1g·L⁻¹水溶液
溴甲酚绿	3.8～5.4	黄～蓝	0.1g 指示剂溶于 100mL 20%乙醇
甲基红	4.4～6.2	红～黄	0.1 或 0.2g 指示剂溶于 100mL 60%乙醇
溴酚红	5.0～6.8	黄～红	0.1 或 0.04g 指示剂溶于 100mL 20%乙醇
溴百里酚蓝	6.0～7.6	黄～蓝	0.05g 指示剂溶于 100mL 20%乙醇
中性红	6.8～8.0	红～亮黄	0.1g 指示剂溶于 100mL 60%乙醇
酚红	6.8～8.0	黄～红	0.1g 指示剂溶于 100mL 20%乙醇
甲酚红	7.2～8.8	亮黄～紫红	0.1g 指示剂溶于 100mL 50%乙醇
百里酚蓝(麝香草酚蓝) （第二变色范围）	8.0～9.6	黄～蓝	参看第一变色范围
酚酞	8.2～10.0	无色～紫红	0.1g 指示剂溶于 100mL 60%乙醇
百里酚酞	9.3～10.5	无色～蓝	0.1 指示剂溶于 100mL 90%乙醇

（二）酸碱混合指示剂

指示剂溶液的组成	变色点 pH	颜色		备注
		酸色	碱色	
三份 1 g·L⁻¹溴甲酚绿酒精溶液 一份 2 g·L⁻¹甲基红酒精溶液	5.1	酒红	绿	
一份 2 g·L⁻¹甲基红酒精溶液 一份 1 g·L⁻¹次甲基蓝酒精溶液	5.4	红紫	绿	pH5.2 红紫 pH5.4 暗蓝 pH5.6 绿

续表

指示剂溶液的组成	变色点 pH	颜色		备注
		酸色	碱色	
一份 1 g·L^{-1}溴甲酚绿钠盐水溶液 一份 1 g·L^{-1}氯酚红盐水溶液	6.1	黄绿	蓝紫	pH5.4 蓝绿 pH5.8 蓝 pH6.2 蓝紫
一份 1 g·L^{-1}中性红酒精溶液 一份 1 g·L^{-1}次甲基蓝酒精溶液	7.0	蓝紫	绿	pH7.0 蓝紫
一份 1 g·L^{-1}溴百里酚蓝钠盐水溶液 一份 1 g·L^{-1}酚红钠盐水溶液	7.5	黄	绿	pH7.2 暗绿 pH7.4 淡紫 pH7.6 深紫
一份 1 g·L^{-1}甲酚红钠盐水溶液 三份 1 g·L^{-1}百里酚蓝钠盐水溶液	8.3	黄	紫	pH8.2 玫瑰色 pH8.4 紫色

(三) 金属离子指示剂

指示剂名	离解平衡和颜色变化	溶液配制方法
铬黑 T (EBT)	$H_2In^- \underset{紫红}{\overset{pK_{a_2}=6.3}{\rightleftharpoons}} HIn^{2-} \underset{蓝}{\overset{pK_{a_3}=11.5}{\rightleftharpoons}} In^{3-}$ 橙	5 g·L^{-1}水溶液
二甲酚橙 (XO)	$H_3In^{4-} \underset{黄}{\overset{pK=6.3}{\rightleftharpoons}} H_2In^{5-}$ 红	2 g·L^{-1}水溶液
K-B 指示剂	$H_2In \underset{红}{\overset{pK_{a_1}=8}{\rightleftharpoons}} HIn \underset{蓝(酸性铬蓝K)}{\overset{pK_{a_2}=13}{\rightleftharpoons}} In^{2-}$ 紫红	0.2 g 酸性铬蓝 K 与 0.4 g 萘酚绿 B 溶于 100 mL 水中
钙指示剂	$H_2In^- \underset{酒红}{\overset{pK_{a2}=7.4}{\rightleftharpoons}} HIn^{2-} \underset{蓝}{\overset{pK_{a3}=13.5}{\rightleftharpoons}} In^{3-}$ 酒红	5 g·L^{-1}的乙醇溶液
吡啶偶氮萘酚 (PAN)	$H_2In^+ \underset{黄绿}{\overset{pK_{a1}=1.9}{\rightleftharpoons}} HIn \underset{黄}{\overset{pK_{a2}=12.2}{\rightleftharpoons}} In^-$ 淡红	1 g·L^{-1}的乙醇溶液

指示剂名	离解平衡和颜色变化	溶液配制方法
Cu-PAN（CuY-PAN 溶液）	$CuY + PAN + M^{n+} \rightleftharpoons MY + Cu\text{-}PAN$ 浅绿　　　　　　无色　红色	将 $0.05mol \cdot L^{-1}$ Cu^{2+} 溶液 10mL，加 pH5～6 的 HAc 缓冲液 5mL，1 滴 PAN 指示加热至 $60^{\circ}C$ 左右，用 EDTA 滴至绿色，得到约 $0.025mol \cdot L^{-1}$ 的 CuY 溶液。使用时取 2～3mL 于试液中，再加数滴 PAN 溶液
磺基水杨酸	$H_2In^- \xrightarrow{pK_{a1}=2.7} HIn^- \xrightarrow{pK_{a2}=13.1} In^{2-}$ 　　　　　　无色	$10g \cdot L^{-1}$ 的水溶液
钙镁试剂（Calmagite）	$H_2In^- \xrightarrow{pK_{a2}=8.1} HIn^{2-} \xrightarrow{pK_{a3}=12.4} In^{3-}$ 红　　　　　蓝　　　　　红橙	$5g \cdot L$ 水溶液

注：EBT 钙指示剂、K-B 指示剂等在水溶液中稳定性较差，可以配成指示剂与 NaCl 之比为 1：100 或 1：200 的固体粉末。

指示剂名称	$E^{\ominus}/V$ $[H^+] = 1mol \cdot L^{-1}$	颜色变化		溶液配制方法
		氧化态	还原态	
二苯胺	0.76	紫	无色	$10g \cdot L^{-1}$ 的浓 H_2SO_4 溶液
二苯胺磺酸钠	0.85	紫红	无色	$5g \cdot L^{-1}$ 的水溶液
N-邻苯氨基苯甲酸	1.08	紫红	红	0.1g 指示剂加 20mL $50g \cdot L^{-1}$ 的 Na_2CO_3 溶液，用水稀释至 100mL
邻二氮菲-Fe(II)	1.06	浅蓝	红	1.485g 邻二氮菲加 0.965g $FeSO_4$，溶解，稀释至 100mL（$0.025mol \cdot L^{-1}$水溶液）
5-硝基邻二氮菲-Fe(II)	1.25	浅蓝	紫红	1.608g 5-硝基邻二氮菲加 0.695g $FeSO_4$ 溶解，稀释至 100mL（$0.025mol \cdot ^{-1}$水溶液）

(五) 吸附指示剂

名称	配制	用于测定		
		可测元素(括号内为滴定剂)	颜色变化	测定条件
荧光黄	1%钠盐水溶液	Cl^-，Br^-，I^-，SCN^-(Ag^+)	黄绿~粉红	中性或弱碱性
二氯荧光黄	1%钠盐水溶液	Cl^-，Br^-，I^-(Ag^+)	黄绿~粉红	pH = 4.4~7.2
四溴荧光黄(曙红)	1%钠盐水溶液	Br^-，I^-(Ag^+)	橙红~红紫	pH = 1~2

附录3　常用缓冲溶液的配制

缓冲溶液组成	pK	缓冲液 pH	缓冲溶液配制方法
氨基乙酸-HCl	2.35 (pK_{a_1})	2.3	取氨基乙酸150g溶于500mL水中后，加浓HCl溶液80mL，稀释至1L
H_3PO_4-柠檬酸盐		2.5	取 $Na_2HPO_4 \cdot 12H_2O$ 113g 溶于200mL水后，加柠檬酸387g，溶解，过滤后稀释至1L
一氯乙酸-NaOH	2.86	2.8	取200g一氯乙酸溶于200mL水中，加NaOH 40g，溶解后，稀释至1L
邻苯二甲酸氢钾-HCl	2.95 (pK_{a_1})	2.9	取500g，邻苯二甲酸氢钾溶于500mL水中，加浓HCl溶液80mL，稀释至1L
甲酸-NaOH	3.67	3.7	取95g甲酸和NaOH 40g于500mL水中，溶解，稀释至1L
NaAc-HAc	4.74	4.7	取无水NaAc 83g溶于水中，加冰醋酸60mL，稀释至1L
六亚甲基四胺-HCl	5.15	5.4	取六亚甲基四胺40g溶于200mL水中，加浓HCl 10mL，稀释至1L
Tris-HCl [三羟甲基氨基甲烷 $CNH_2(HOCH_3)_3$]	8.21	8.2	取25g Tris试剂溶于水中，加浓HCl溶液8mL稀释至1L

缓冲溶液组成	pK	缓冲液 pH	缓冲溶液配制方法
NH_3-NH_4Cl	9.26	9.2	取 NH_4Cl 54g 溶于水中，加浓氨水 63mL，稀释至 1L

注：（1）缓冲液配制后可用 pH 试纸检查。如 pH 值不对，可用共轭酸或碱调节。欲调节 pH 值精确时，可用 pH 计调节。

（2）若需增加或减少缓冲液的缓冲容量时，可相应增加或减少共轭酸对物质的量，再调节之。

附录4　pH 标准缓冲溶液

温度/℃ pH 浓度	10	15	20	25	30	35
草酸钾（0.05mol·L^{-1}）	1.67	1.67	1.68	1.68	1.68	1.69
酒石酸氢钾饱和溶液	–	–	–	3.56	3.55	3.55
邻苯二甲酸氢钾（0.05mol·L^{-1}）	4.00	4.00	4.00	4.00	4.01	4.02
磷酸氢二钠（0.025mol·L^{-1}） 磷酸氢二钾（0.025mol·L^{-1}）	6.29	6.90	6.88	6.86	6.85	6.84
四硼酸钠（0.01mol·L^{-1}）	9.33	9.28	9.23	9.18	9.14	9.11
氢氧化钙饱和溶液	13.01	12.82	12.64	12.29	12.29	12.13

附录5　常有浓酸、浓碱的密度和浓度

试剂名称	密度/g·mL^{-1}	ω/%	c/(mol·L^{-1})
盐　酸	1.18~1.19	36~38	11.6~12.4
硝　酸	1.39~1.40	65.0~68.0	14.4~15.2
硫　酸	1.83~1.84	95~98	17.8~18.4

续表

试剂名称	密度/$g \cdot mL^{-1}$	$\omega/\%$	$c/(mol \cdot L^{-1})$
磷　酸	1.69	85	14.6
高氯酸	1.68	70.0~72.0	11.7~12.0
冰醋酸	1.05	99.8(优级纯) 99.0(分析纯、化学纯)	17.4
氢氟酸	1.13	40	22.5
氢溴酸	1.49	47.0	8.6
氨　水	0.88~0.90	25.0~28.0	13.3~14.8

附录6　常用基准物质及其干燥条件与应用

基准物质		干燥后组成	干燥条件 $t/℃$	标定对象
名称	分子式			
碳酸氢钠	$NaHCO_3$	Na_2CO_3	270~300	酸
碳酸钠	$Na_2CO_3 \cdot 10H_2O$	Na_2CO_3	270~300	酸
硼砂	$Na_2B_4O_7 \cdot 10H_2O$	$Na_2B_4O_7 \cdot 10H_2O$	放在含 NaCl 和蔗糖饱和液的干燥器中	酸
碳酸氢钾	$KHCO_3$	K_2CO_3	270~300	酸
草　酸	$H_2C_2O_4 \cdot 2H_2O$	$H_2C_2O_4 \cdot 2H_2O$	室温空气干燥	碱或 $KMnO_4$
邻苯二甲酸氢钾	$KHC_8H_4O_4$	$KHC_8H_4O_4$	110~120	碱
重铬酸钾	$K_2Cr_2O_7$	$K_2Cr_2O_7$	140~150	还原剂
溴酸钾	$KBrO_3$	$KBrO_3$	130	还原剂
碘酸钾	KIO_3	KIO_3	130	还原剂
铜	Cu	Cu	室温干燥器中保存	还原剂

基准物质		干燥后组成	干燥条件 $t/℃$	标定对象
名称	分子式			
三氧化二砷	As_2O_3	As_2O_3	同上	氧化剂
草酸钠	$Na_2C_2O_4$	$Na_2C_2O_4$	130	氧化剂
碳酸钙	$CaCO_3$	$CaCO_3$	110	EDTA
锌	Zn	Zn	室温干燥器中保存	EDTA
氧化锌	ZnO	ZnO	900~1000	EDTA
氯化钠	$NaCl$	$NaCl$	500~600	$AgNO_3$
氯化钾	KCl	KCl	500~600	$AgNO_3$
硝酸银	$AgNO_3$	$AgNO_3$	280~290	氯化物
氨基磺酸	$HOSO_2NH_2$	$HOSO_2NH_2$	在真空 H_2SO_4 干燥中保存48h	碱
氟化钠	NaF	NaF	铂坩埚中 500~550℃ 下保存 40~50min 后，H_2SO_4 干燥器中冷却	

附录7　常用熔剂和坩埚

熔剂(混合熔剂)名称	所用熔剂量(对试样量而言)	熔融用坩埚材料						熔剂的性质和用途
		铂	铁	镍	磁	石英	银	
Na_2CO_3(无水)	6~8 倍	+	+	+	−	−	−	碱性熔剂，用于分析酸性矿渣黏土，耐火材料，不溶于酸的残渣，难溶硫酸盐等
Na_2HCO_3	12~14 倍	+	+	+	−	−	−	碱性熔剂，用于分析酸性矿渣黏土，耐火材料，不溶于酸的残渣，难溶硫酸盐等

熔剂(混合熔剂)名称	所用熔剂量(对试样量而言)	熔融用坩埚材料						熔剂的性质和用途
		铂	铁	镍	磁	石英	银	
Na_2CO_3–K_2CO_3(1:1)	6~8倍	+	+	+	–	–	–	碱性熔剂,用于分析酸性矿渣黏土、耐火材料,不溶于酸的残渣,难溶硫酸盐等
Na_2CO_3–KNO_3 (6:0.5)	8~10倍	+	+	+	–	–	–	碱性氧化熔剂,用于测定矿石中的总 S,As,Cr,V,分离 V,Cr 等物中的 Ti
KNa_2CO_3–$Na_2B_4O_7$ (3:2)	10~12倍	+	–	–	+	+	–	碱性氧化熔剂,用于分析铬铁矿、钛铁矿等
Na_2CO_3–MgO(2:1)	10~14倍	+	+	+	+	+	–	碱性氧化熔剂,用于分析钛合金、铬铁矿等
Na_2CO_3–ZnO(2:1)	8~10倍	–	–	–	+	+	–	碱性氧化熔剂,用于测定矿石中的硫
Na_2O_3	6~8倍	–	+	+	–	–	–	碱性氧化熔剂,用于测定矿石和铁合金中的 S,Cr,V,Mn,Si,P,辉钼矿中的 Mo 等
$NaOH$(KOH)	8~10倍	–	+	+	–	–	+	碱性熔剂,用以测定锡石中的 Sn,分解硅酸盐等
$KHSO_4$($K_2S_2O_7$)	12~14 (8~12)倍	+	–	–	+	+	–	酸性熔剂,用以分解硅酸盐、钨矿石,熔融 Ti,Al,Fe,Cu 等的氧化物
Na_2CO_3:粉末结晶硫黄 (1:1)	8~12倍	–	–	–	+	+	–	碱性硫化熔剂,用于自铅、铜、银等中分离钼、锑、砷、锡;分解有色矿石烘烧后的产品,分离钛和钒等
硼酸酐(熔融、研细)	5~8倍	+	–	–	–	–	–	主要用于分解硅酸盐(当测定其中的碱金属时)

　　*"+"可以进行熔融,"–"不能用以熔融,以免损坏坩埚,近年来采用聚四氟乙烯坩埚,代替铂器皿用于氢氟酸溶样。

附录8　相对原子质量表

（IUPAC 1993 年公布）

符号	名称	相对原子质量	名称	符号	相对原子质量	符号	名称	相对原子质量	符号	名称	相对原子质量
Ac	锕	[227]	铒	Er	167.26	Mn	锰	54.93805	Ru	钌	101.07
Ag	银	107.8682	锿	Es	[254]	Mo	钼	95.94	S	硫	32.066
Al	铝	26.98154	铕	Eu	151.965	N	氮	14.00674	Sb	锑	121.760
Am	镅	[243]	氟	F	18.9984032	Na	钠	22.989768	Se	钪	44.955910
Ar	氩	39.948	铁	Fe	55.845	Nb	铌	92.90638	Se	硒	78.96
As	砷	74.92159	镄	Fm	[257]	Nd	钕	144.24	Si	硅	28.0855
At	砹	[210]	钫	Fr	[223]	Ne	氖	20.1797	Sm	钐	150.36
Au	金	196.96654	镓	Ga	69.723	Ni	镍	58.6934	Sn	锡	118.710
B	硼	10.811	钆	Gd	157.25	No	锘	[254]	Sr	锶	87.62
Ba	钡	137.327	锗	Ge	72.61	Np	镎	237.0482	Ta	钽	180.9479
Be	铍	9.012182	氢	H	1.00794	O	氧	15.9994	Tb	铽	158.92534
Bi	铋	208.98037	氦	He	4.002602	Os	锇	190.23	Te	锝	98.9062
Bk	锫	[247]	铪	Hf	178.49	P	磷	30.973762	Te	碲	127.60
Br	溴	79.904	汞	Hg	200.59	Pa	镤	231.03588	Th	钍	232.0381
C	碳	12.011	钬	Ho	164.93032	Pb	铅	207.2	Ti	钛	47.867
Ca	钙	40.078	碘	I	126.90447	Pd	钯	106.42	Tl	铊	204.3833
Cd	镉	112.411	铟	In	114.818	Pm	钷	[145]	Tm	铥	168.93421
Ce	铈	140.115	铱	Ir	192.217	Po	钋	[~210]	U	铀	238.0289
Cf	锎	[251]	钾	K	39.0983	Pr	镨	140.90765	V	钒	50.9415
Cl	氯	35.4527	氪	Kr	83.80	Pt	铂	195.08	W	钨	183.84
Cm	锔	[247]	镧	La	138.9055	Pu	钚	[244]	Xe	氙	131.29
Co	钴	58.93320	锂	Li	6.941	Ra	镭	226.0254	Y	钇	88.90585
Cr	铬	51.9961	铹	Lr	[257]	Rb	铷	85.4678	Yb	镱	173.04
Cs	铯	132.90543	镥	Lu	174.967	Re	铼	186.207	Zn	锌	65.39
Cu	铜	63.546	钔	Md	[256]	Rh	铑	102.90550	Zr	锆	91.224
Dy	镝	162.50	镁	Mg	24.3050	Rn	氡	[222]			

附录9 常用化合物的相对分子质量表

Ag_3AsO_4	462.52	CoS	90.99	HCl	36.461		
AgBr	187.77	$CoSO_4$	154.99	HF	20.006		
AgCl	143.32	$CoSO_4 \cdot 7H_2O$	281.10	HI	127.91		
AgCN	133.89	$Co(NH_2)_2$	60.06	HIO_3	175.91		
AgSCN	165.95	$CrCl_3$	158.35	HNO_3	63.013		
Ag_2CrO_4	331.73	$CrCl_3 \cdot 6H_2O$	266.45	HNO_2	47.013		
AgI	234.77	$Cr(NO_3)_3$	238.01	H_2O	18.015		
$AgNO_3$	169.87	Cr_2O_3	151.99	H_2O_2	34.015		
$AlCl_3$	133.34	CuCl	98.999	H_3PO_4	97.995		
$AlCl_{13} \cdot 6H_2O$	241.43	$CuCl_2$	134.45	H_2S	34.08		
$Al(NO_3)_3$	213.00	$CuCl_2 \cdot 2H_2O$	170.48	H_2SO_3	82.07		
$Al(NO_3)_3 \cdot 9H_2O$	375.13	CuSCN	121.62	H_2SO_4	98.07		
Al_2O_3	101.96	CuI	190.45	$Hg(CN)_2$	252.63		
$Al(OH)_3$	78.00	$Cu(NO_3)_2$	187.56	$HgCl_2$	271.50		
$Al_2(SO_4)_3$	342.14	$Cu(NO_3)_2 \cdot 3H_2O$	241.60	Hg_2Cl_2	472.09		
$Al_2(SO_4)_3 \cdot 18H_2O$	666.41	CuO	79.545	HgI_2	45.40		
As_2O_3	197.84	Cu_2O	143.09	$Hg_2(NO_3)_2$	525.19		
As_2O_5	229.84	CuS	95.61	$Hg_2(NO_3)_2 \cdot 2H_2O$	561.22		
As_2S_3	246.02	$CuSO_4$	159.60				
		$CuSO_4 \cdot 4H_2O$	249.68	$Hg(NO_3)_2$	324.60		
$BaCO_3$	197.34			HgO	216.59		
BaC_2O_4	225.35	$FeCl_2$	126.75	HgS	232.65		
$BaCl_2$	208.24	$FeCl_2 \cdot 4H_2O$	198.81	$HgSO_4$	296.65		
$BaCl_2 \cdot 2H_2O$	244.27	$FeCl_3$	162.21	Hg_2SO_4	497.24		
$BaCrO_4$	253.32	$FeCl_3 \cdot 6H_2O$	270.30				
BaO	153.33	$FeNH_4(SO_4)_2 \cdot 12H_2O$	482.18	$KAl(SO_4)_2 \cdot 12H_2O$	474.38		
$Ba(OH)_2$	171.34	$Fe(NO_3)_3$	241.86	KBr	119.00		
$BaSO_4$	233.39	$Fe(NO_3)_3 \cdot 9H_2O$	404.00	$KBrO_3$	167.00		
BiCl	315.34	FeO	71.846	KCl	74.551		
BiOCl	260.43	Fe_2O_3	159.69	$KClO_3$	122.55		

CO_2	44.01	Fe_3O_4	131.54	$KClO_4$	138.55
CaO	56.08	$Fe(OH)_3$	106.87	KCN	65.116
$CaCO_3$	100.09	FeS	87.91	$KSCN$	97.18
CaC_2O_4	128.10	Fe_2S_3	207.87	K_2CO_3	138.21
$CaCl_2$	110.99	$FeSO_4$	151.90	K_2CrO_4	194.19
$CaCl_2 \cdot 6H_2O$	219.08	$FeSO_4 \cdot 7H_2O$	278.01	$K_2Cr_2O_7$	294.18
$Ca(NO_3)_2 \cdot 4H_2O$	236.15	$FeSO_4 \cdot (NH_4)_2SO_4 \cdot$		$K_3Fe(CN)_6$	329.25
$Ca(OH)_2$	74.09	$6H_2O$	392.13	$K_4Fe(CN)_6$	368.35
$Ca_3(PO_4)_2$	310.18	H_3AsO_3	125.94	$KFe(SO_4)_2 \cdot 12H_2O$	503.24
$CaSO_4$	136.14	H_3AsO_4	141.94	$KHC_2O_4 \cdot H_2O$	146.14
$CdCO_3$	172.42	H_3BO_3	61.83	$KHC_2O_4 \cdot H_2C_2O_4 \cdot$	
$CdCl_2$	183.32	HBr	80.912	$2H_2O$	254.19
CdS	144.47	HCN	27.026	$KHC_4H_4O_6$	188.18
$Ce(SO_4)_2$	332.24	$HCOOH$	46.026	$KHSO_4$	136.16
$Ce(SO_4)_2 \cdot 4H_2O$	404.30	CH_3COOH	60.052	KI	166.00
$CoCl_2$	129.84	H_2CO_3	62.025	KIO_3	214.00
$CoCl_2 \cdot 6H_2O$	237.93	$H_2C_2O_4$	90.035	$KIO_3 \cdot HIO_3$	389.91
$Co(NO_3)_2$	132.94	$H_2C_2O_4 \cdot 2H_2O$	126.07	$KMnO_4$	158.03
$Co(NO_3)_2 \cdot 6H_2O$	291.03	CH_3COONa	82.034	SnO_2	150.71
$KNaC_4H_4O_6 \cdot 4H_2O$	282.22	$CH_3COONa \cdot 3H_2O$	136.08	SnS	15.776
KNO_3	101.10	$NaCl$	58.443	$SrCO_3$	147.63
KNO_2	85.104	$NaClO$	74.442	SrC_2O_4	175.64
K_2O	94.196	$NaHCO_3$	84.007	$SrCrO_4$	203.61
KOH	56.106	$Na_2HPO_4 \cdot 12H_2O$	358.14	$Sr(NO_3)_2$	211.63
K_2SO_4	174.25	$Na_2H_2Y \cdot 2H_2O$	372.24	$Sr(NO_3)_2 \cdot 4H_2O$	283.69
$MgCO_3$	84.314	$NaNO_2$	68.995	$SrSO_4$	183.68
$MgCl_2$	95.211	$NaNO_3$	84.995	$UO_2(CH_3COO)_2 \cdot$	
$MgCl_2 \cdot 6H_2O$	203.30	Na_2O	61.979	$2H_2O$	424.15
MgC_2O_4	112.33	Na_2O_2	7.978	$ZnCO_3$	125.39
$Mg(NO_3) \cdot 6H_2O$	256.41	$NaOH$	39.997	ZnC_2O_4	153.40
$MgNH_4PO_4$	137.32	Na_3PO_4	163.94	$ZnCl_2$	136.29
MgO	40.304	Na_2S	78.04	$Zn(CH_3COO)_2$	183.47
$Mg(OH)_2$	58.32	$Na_2S \cdot 9H_2O$	240.18	$Zn(CH_3COO)_2 \cdot 2H_2O$	219.50
$Mg_2P_2O_7$	222.55	Na_2SO_3	126.04	$Zn(NO_3)_2$	189.39

$MgSO_4 \cdot 7H_2O$	246. 47	Na_2SO_4	142. 04	$Zn(NO_3)_2 \cdot 6H_2O$	297. 48
$MnCO_3$	114. 95	$Na_2S_2O_3$	158. 10	ZnO	81. 38
$MnCl_2 \cdot 4H_2O$	197. 91	$Na_2S_2O_3 \cdot 5H_2O$	248. 17	ZnS	97. 44
$Mn(NO_3)_2 \cdot 6H_2O$	287. 04	$NiCl_2 \cdot 6H_2O$	237. 69	$ZnCO_4$	161. 44
MnO	70. 937	NiO	74. 69	$ZnSO_4 \cdot 7H_2O$	287. 54
MnO_2	86. 937	$Ni(NO_3)_2 \cdot 6H_2O$	290. 79		
MnS	87. 00	NiS	90. 75		
$MnSO_4$	151. 00	$NiSO_4 \cdot 7H_2O$	280. 85		
$MnSO_4 \cdot 4H_2O$	223. 06	P_2O_5	141. 94		
NO	30. 006	$PbCO_3$	267. 20		
NO_2	46. 006	PhC_2O_4	295. 22		
NH_3	17. 03	$PbCl_2$	278. 10		
CH_3COONH_4	77. 083	$PbCrO_4$	323. 20		
NH_4Cl	53. 491	$Pb(CH_3COO)_2$	325. 30		
$(NH_4)_2CO_3$	96. 086	$Pb(CH_3COO)_2 \cdot 3H_2O$	379. 30		
$(NH_4)_2C_2O_4$	124. 10	PbI_2	461. 00		
$(NH_4)_2C_2OC_4 \cdot H_2O$	142. 11	$Pb(NO_3)_2$	331. 20		
NH_4SCN	76. 12	PbO	223. 20		
NH_4HCO_3	79. 055	PbO_2	239. 20		
$(NH_4)_2MoO_4$	196. 01	$Pb_3(PO_4)_2$	811. 54		
NH_4NO_3	80. 043	PhS	239. 30		
$(NH_4)_2HPO_4$	132. 06	$PbSO_4$	303. 30		
$(NH_4)_2S$	68. 14	SO_3	80. 06		
$(NH_4)_2SO_4$	132. 13	SO_2	64. 00		
NH_4VO_3	116. 98	$SbCl_3$	228. 11		
Na_3AsO_3	191. 89	$SbCl_5$	299. 02		
$Na_2B_4O_7$	201. 22	Sb_2O_3	291. 50		
$Na_2B_4O_7 \cdot 10H_2O$	381. 37	Sb_3S_3	339. 68		
$NaBiO_3$	279. 97	SiF_4	104. 08		
$NaCN$	49. 007	SiO_2	60. 084		
$NaSCN$	81. 07	$SnCl_2$	189. 62		
Na_2CO_3	105. 99	$SnCl_2 \cdot 2H_2O$	225. 65		
$Na_2CO_3 \cdot 10H_2O$	286. 14	$SnCl_4$	260. 52		
$Na_2C_2O_4$	134. 00	$SnCl_4 \cdot 5H_2O$	350. 596		

附录 10　定量化学分析实验常用仪器清单

(一)发给学生的仪器

名称	规格	数量	名称	规格	数量
试管架		1个	移液管架		1个
离心管	3~5mL	10支	表面皿	7~8cm	4只
	10mL	2支	锥形瓶	250mL	3只
	10mL(刻度)	2支	碘量瓶	250mL	3只
小试管	3~5mL	10支	称量瓶	25×25mm	2只
点滴板	白瓷	1块	玻璃棒		3支
	黑瓷	1块	烧杯	500mL	1只
显微玻片		2片		400mL	1只
水浴盖		1个		250mL	2只
毛细吸管		2支		50 或 100mL	2只
滴管	带橡皮乳头	3支	试剂瓶	500mL 或 100mL	2个(其中一个为棕色)
滴管架		1块	洗瓶	500mL	1个
量筒	10 或 20mL	1个	漏斗	长颈	2个
	100mL	1个	坩埚钳		1把
酸式滴定管	50mL	1支	瓷坩埚	18~25mL	2个
碱式滴定管	50mL	1支	泥三角		2个
容量瓶	250mL	1个	石棉铁丝网		1块
	100mL	1个	洗耳球		1个
	50mL	7个	干燥器		1个
移液管	25mL	1支	牛角匙		1个
	10mL	1支	火柴		1盒
吸量管	2，5 或 10mL	1支			

＊以上为定性分析专用仪器。

(二)公用仪器

离心机　　　显微镜　　　分析天平　酸度计　分光光度计
电磁搅拌器　电动离心机　电热板　　马弗炉　计算机
电烘箱　　　煤气灯　　　铁支架　　铁环　　滴定管夹
漏斗架　　　滤纸　　　　试管刷　　pH 试纸　定量滤纸和定性滤纸
滴定台

附录 11　滴定分析实验操作(NaOH)溶液浓度的标定

考 查 表

_____专业_____年级，学号_____姓名_____

	项　　目	分数	评分
	(1)取下、放好天平罩，检查水平，清扫天平		
	(2)检查和调节空盘零点		
	(3)称量(称量瓶+邻苯二甲酸氢钾)		
	①重物置盘中央		
	②加减砝码顺序		
天	③天平开关控制(取放砝码试样— 关，试重— 半开，读数— 全开，轻开轻关)		
	④关天平门读数、记录		
	(4)差减法倒邻苯二甲酸氢钾		
	①手不直接接触称量瓶		
平	②敲瓶动作(距离适中，轻敲瓶上部……逐渐竖直，轻敲瓶口)		
	③无倒出杯外		
	④称一份试样，倒样不多于三次，多一次扣 1 分		
	⑤称量范围 1.6~2.4g，超出±0.1g 扣 1 分		
	⑥称量时间(调好零点~记录第二次读数)12min，超过 1min 扣 1 分		
	(5)结束工作(砝码复位，清洁，关天平门，罩好天平罩)		
	小计		

项　目	分数	评分
容量瓶 (1)清洁(内壁不挂水珠)		
(2)溶解邻苯二甲酸氢钾(全溶；若加热溶解，溶解后应冷至室温)		
(3)定量转移入 100mL 容量瓶(转移溶液操作，冲洗烧杯、玻棒 5 次，不溅失)		
(4)稀释至标线(最后用滴管加水)		
(5)摇匀(3/4 时初步混匀，最后混匀 10+2 次)		
小计		
移液管 (1)清洁(内壁和下部外壁不挂水珠，吸干尖端内外水分)	1	
(2)25mL 移液管用待吸液润洗 3 次(每次适量)	2	
(3)吸取液(手法规范，吸空不给分)	2	
(4)调节液面至标线(管垂直，容量瓶倾斜，管尖靠容量瓶内壁，调节自如；不能超过 2 次，超过 1 次扣 1 分)	3	
(5)放液(管垂直，锥瓶倾斜，管尖靠锥瓶内壁，最后停留 15s)	2	
小计	10	
(1)清洁	1	
(2)用操作液润洗 3 次	2	
(3)装液，调初读数，无气泡，不漏水	3	
(4)滴定(确保平行滴定 3 份)		

续表

项　　目	分数	评分
①滴定管(手法规范；连续滴加，加1滴，加半滴；不漏水)	4	
②锥形瓶(位置适中，手法规范，溶液呈圆周运动)	3	
③终点判断(近终点加1滴，半滴，颜色适中)	4	
(5)读数(手不捏盛液部分，管垂直；与液面平，读弯月面下缘实线最低点；读至0.01mL，及时记录)	3	
小计	20	
$c_{NaOH(平均值)}=$ 　　 $mol \cdot L^{-1}$，平均相对偏差 = 　　 %	25	

	准确度			分数	相对平均偏差
结果	±0.2%内			15	≤0.2%
	±0.5%内	12	≤0.4%	分数	
	±1%内	9	≤0.6%	10	
	±1%内以外	6	>0.6%	8	
	(1)数据记录，结果计算(列出计算式)，报告格式	6		6	
	(2)清洁整齐	4		4	

续表

项　　目	分数	评分
其他　小计	10	
100		

说明	（1）容量仪器的洗涤、查漏应在考查开始前做好
	（2）考查时，此表交给监考教师；学生用实验报告本记录，考查完毕交实验报告
	（3）整个实验应在 60min 内完成（调好天平零点~滴定完毕），超时 2.5min，扣总分 1 分
评语	监考教师（签名）： 　年　月　日

- 若为电子分析天平，时间应控制在 5min 内。

附录 12　常用分析化学术语（汉英对照）

分析化学	analytical chemistry
定性分析	qualitative analysis
定量分析	quantitative analysis
化学分析	chemical analysis
结构分析	structure analysis
仪器分析	instrumental analysis
常量分析	macro analysis
微量分析	micro analysis
半微量分析	semimicro analysis
痕量分析	trace analysis
超痕量分析	ultratrace analysis
常规分析	arbitration analysis
仲裁分析	arbitration analysis
裁判分析	umpire analysis

重量分析	gravimetry
滴定分析	titrimetry
容量分析	volumetry
滴定	titration
分步滴定	stepwise titration
滴定判	titrant
被滴物	titrand
化学计量点	stoichiometric point
终点	end point
标定	standardization
标准溶液	standard solution
基准物质	primary standard substance
保证试剂	guarantee reagent(GR)
分析试剂	analytical reagent(AR)
化学纯	chemical pure
标准物质	reference material(RM)
误差	error
偏差	deviation
系统误差	systematic error
可测误差	random error
偶然误差	accident error
绝对误差	absolute error
相对误差	relative error
准确度	accuracy
精密度	precision
置信水平	confidence level
置信区间	confidence interval
频率	frequency
频率密度	frequency density
总体	population
试样，样品	sample
频率分布	Frequency distribution
正态分布	normal distribution

概率	probability
测量值	measured value
真值	true value
平均值	mean，average
中位数	median
全距(极差)	range
标准偏差	standard deviation
平均偏差	deviation average
变异系数	coefficient of variation
自由度	degree of freedom
离群值	outlier
显著性检验	significance test
有效数字	significant figure
线性回归	linear regression
相关系数	correlation coefficient
平行测定	parallel determination
空白	blank
校正	correction
校准	calibration
酸碱滴定	Acid-base titration
共轭酸碱对	conjugate acid-base pair
解离常数	dissociation constant
酸度常数	acidity constant
中和	neutralization
质子	proton
质子化	protonation
质子化常数	protonation constant
滴定常数	titration constant
活度	activity
pH 玻璃电极	pH glass electrode
活度系数	activity coefficient
离子强度	ionic strength
热力学常数	thermodynamic constant

浓度常数	concentration constant
分析浓度	analytical concentration
平衡浓度	equilibrium concentration
型体(物种)	species
分布图	distribution diagram
参考水平	reference level
零水平	zero level
物料平衡	material balance
质量平衡	mass balance
电荷平衡	charge balance
质子条件	proton condition
一元酸	monobasic acid
二元酸	dibasic acid
三元酸	triacid
多元酸	polyprotic acid
两性物	amphoteric substance
缓冲溶液	buffer solution
缓冲容量	buffer capacity
滴定曲线	titration curve
滴定突跃	titration jump
指示剂	Indicator
变色间隔	transition interval
颜色转变点	color transition point
滴定指数	titration inde
甲基橙	methyl orange(MO)
甲基红	methyl red(MR)
酚酞	phenolphthalein(PP)
百里酚酞	thymolphthalein(THPP)
混合指示剂	mixed indicator
终点误差	end point error
滴定误差	titration error
非水滴定	non-aqueous titration
极性溶剂	polar solvent

中性溶剂	neutral solvent
两性溶剂	amphiprotic solvent
惰性溶剂	inert solvent
固有酸度	intrinsic acidity
固有碱度	intrinsic basicity
质子自递常数	autoprotolysis constant
区分效应	differentiating effect
拉平效应	leveling effect
介电常数	dielectric constant
凯氏定氮法	kjeldahl determination
络合滴定法	complexometry, complexometric titration
络合物	complex
络合反应	complexation
配位体	ligand
螯合物	chelate
氨羧络合剂	complexone
乙二胺四乙酸	ethylenediamine tetraacetic acid(EDTA)
稳定常数	stability constant
形成常数	formation constant
不稳定常数	instability constant
逐级稳定常数	stepwise stability constant
累积常数	cumulative constant
副反应系数	side reaction coefficient
酸效应系数	acidic effective coefficient
酸效应曲线	acidic effective curve
条件形成常数	conditional formation constant
表观形成常数	apparent formation constant
金属指示剂	metallochromic indicator
二甲酚橙	xylenol orange(xo)
1-(2-吡啶偶氮)-2-萘酚	1-(2-pyridylazo)-2-naphthol(PAN)
铬黑 T	eriochrome black t(EBT)
钙指示剂	calconcarboxylic acid
指示剂的封闭	blocking of indicator

指示剂的僵化	ossification of indicator
掩蔽	masking
解蔽	demasking
掩蔽指数	masking index
氧化还原滴定	redox titration
标准电位	standard potential
条件电位	conditional potential
催化反应	catalyzed reaction
诱导反应	induced reaction
氧化还原指示剂	redox indicator induced reaction
二苯胺磺酸钠	sodium diphenylaminesulfonate
邻二氮菲亚铁离子	ferroin
自身指示剂	self indicator
演粉	starch
重铬酸钾法	dichromate titration
高锰酸钾法	permanganate titration
碘滴定法	iodimetry
化学需氧量	chemical oxygen demand
滴定碘法	iodometry
铈量法	cerimetry
溴量法	bromometry
放大反应	amplification reaction
卡尔·费歇尔法	karl fisher titration
沉淀滴定法	precipitation titration
银量法	argentimetry
汞量法	mercurimetry
莫尔法	Mohr method
佛尔哈德法	volhard method
法扬司法	Fajans method
吸附指示剂	adsorption indicator
荧光黄	fluorescein
二氯荧光黄	dichloro fluorescein
曙红	eosin

208

固有溶解度	intrinsic solubility
沉淀形	precipitation form
称量形	weighing form
重量因数	gravimetric factor
化学因数	chemical factor
沉淀剂	precipitant
溶度积	solubility product
条件溶度积	conditional solubility product
过饱和	supersaturation
无定形沉淀	amorphous precipitate
晶形沉淀	crystalline precipitate
凝乳状沉淀	curdy precipitate
沾污	contamination
纯度	purity
共沉淀	coprecipitation
混晶	mixed crystal
吸附	adsorption
包藏	collusion
后沉淀	postprecipitation
分步沉淀	fractional precipitation
均相沉淀	homogeneous precipitation
陈化	aging
过滤	filtration
淀帚	policeman
灰化	ashing
灼烧	ignition
马弗炉	muffle furnace
恒重	constant weight
分离	separation
富集	enrichment
预富集	preconcentration
分离因数	separation factor
回收率	recovery

溶剂萃取	solvent extraction
分配系数	distribution coefficient
分配比	distribution ratio
萃取率	extraction rate
相比	phase ratio
水相	aqueous phase
有机相	organic phase
反萃取	back extraction
连续萃取	continuous extraction
整合物萃取	chelate extraction
离子缔合物萃取	ion association extraction
萃取常数	extraction constant
条件萃取常数	conditional extraction constant
包谱法	chromatography
柱色谱	column chromatography
纸色谱	paper chromatography(pc)
比移值	Rfvalue
薄层色谱	thin layer chromatography(tlc)
流动相	mobile phase
固定相	stationary phase
吸附剂	absorbent
淋洗剂	eluant
离子交换	ion exchange
离子交换树脂	ion exchange resin
交联度	extent of crosslinking
交换容量	exchange capacity
亲和力	affinity
离子色谱	ino chromatography(ic)
气相色谱	gas chromatography(gc)
液相色谱	liquid chromatography (IC)
高效液相色谱	high performance liquid chromatography(HPIC)
电泳	electrophoresis
蒸馏	distillation

挥发	volatilization
取样	sampling
筛目	mesh
四分法	quartering
试液	test solution
熔融	flux
熔剂	flux
光谱分析	spectral analysis
比色法	colorimetry
玻璃比色皿	glass cell
分光光度法	spectrophotometry
紫外/可见分光光度法	uv/vis spectrophotometry
互补色	complementary light
单色光	monochromatic light
朗伯-比尔定律	lambert-beer law
吸光度	absorbance
透射比	transmittance
表面活性剂	surfactant，surface active agent
分子光谱	molecular spectrum
原子光谱	atomic spectrum
线状光谱	line spectrum
带状光谱	band spectrum
连续光谱	continuous spectrum
吸收系数	absorptivity
摩尔吸光系数	molar absorptivity
比消光系数	specific extinction coefficient
光程	path lenth
吸收曲线	absorption curve
吸收峰	absorption peak
最大吸收	maximum absorption
参比溶液	reference solution
试剂空白	reagent blank
标准曲线	standard curve

校准曲线	calibrated curve
工作曲线	working curve
等吸光点	isoabsorptive point
红移	bathochromic shift
紫移	hypochromic shift
发色团	chromophoric group
助色团	chromophoric group
带宽	bandwidth
色散	dispersion
分辨率	resolution ratio
示差光度法	differential spectrophotometry
标准系列法	standard series method
多组分同时测定	simultaneous determination of multi-components
导数光谱	derivative spectrum
显色剂	color reagent
摩尔比法	Molar ratio method
等摩尔系列法	equimolar series method
萃取光度法	extraction spectrophotometric method
双波长分光光度法	dual-wavelength spectrophotometry
分光光度计	spectrophotometer
单光束分光光度计	single beam spectrophotometer
双光束分光光度计	double beam spectrophotometer
自动记录式分光光度计	recording spectrophotometer
比色计	colorimeter
光电比色计	photoelectric Colorimeter
光源	light source
氢灯	hydrogen lamp
氘灯	deuterium lamp
钨灯	tungsten lamp
碘钨灯	iodine-tungsten lamp
汞灯	mercury lamp
狭缝	slit
滤光片	filter

单色器	monochromator
光栅	grating
棱镜	prism
光电池	photocell
光电管	phototube
光电倍增管	photomultiplier
分析天平	analytical balance
单盘天平	single-pan balance
双盘天平	dual-pan balance
电子天平	electronic balance
直读天平	direct reading balance
砝码	weights
游码	rider
称量瓶	weighing bottle
干燥器	desiccator
干燥剂	desiccant；drying agent
漏斗	filter
滤纸	filter paper
蒸发皿	evaporating dish
水浴	water bath
蒸气浴	steam bath
坩埚	crucible
烘箱	oven
电热板	electric hot plate
烧杯	beaker
容量瓶	volumetric flask
移液管	pipette
滴定管	burette
滴定分数	titration fraction
滴定管夹	buret holder
滴定管架	buret support
吸量管	measuring pipette
量筒	measuring cylinder

锥形瓶	erlenmeyer flask
试剂瓶	reagent bottle
洗瓶	wash bottle
洗液	washings
玻璃棒	glass rod
国际纯粹与应用化学联合会	International Union of Pure and Applied Chemistry(IUPAC)
国际标准化组织	International Standardization Organization(ISO)

参考文献

[1]黄伟坤,等编著.食品检验与分析[M].北京:中国轻工业出版社,1997.

[2]武汉材料保护研究所主编.常用电镀溶液的分析[M].北京:机械工业出版社,1974.

[3]武汉大学主编.分析化学实验[M].4版.北京:高等教育出版社,2001.

[4]张济新,等编.分析化学实验[M].上海:华东理工大学出版社,1997.